Geology Lab for Kids

给孩子的
地质学
实验室

【美】加勒特·罗曼 著　刘知纲 译

华东师范大学出版社

·上海·

图书在版编目（CIP）数据

　　给孩子的地质学实验室/(美)加勒特·罗曼著；刘知纲译.
—上海:华东师范大学出版社，2018
　　ISBN 978-7-5675-8440-2

　　Ⅰ.①给… Ⅱ.①加… ②刘… Ⅲ.①地质学–实验–少儿读物
Ⅳ.①P5-33

中国版本图书馆CIP数据核字（2018）第237721号

GEOLOGY LAB FOR KIDS：52 Projects to Explore Rocks, Gems, Geodes, Crystals, Fossils, and Other
Wonders of the Earth's Surface
By Garret Romaine
© 2017 Quarto Publishing Group USA Inc.
Text © 2017 Garret Romaine
Photography © 2017 Quarto Publishing Group USA Inc.
Simplified Chinese translation copyright © East China Normal University Press Ltd., 2019.
All Rights Reserved.

上海市版权局著作权合同登记　图字：09-2018-157号

给孩子的实验室系列

给孩子的地质学实验室

著　　者　[美]加勒特·罗曼
译　　者　刘知纲
策划编辑　沈　岚
审读编辑　陈雅慧
责任校对　李琳琳
装帧设计　卢晓红

出版发行　华东师范大学出版社
社　　址　上海市中山北路3663号　　邮编 200062
网　　址　www.ecnupress.com.cn
总　　机　021-60821666　　行政传真 021-62572105
客服电话　021-62865537
门市(邮购)电话 021-62869887
地　　址　上海市中山北路3663号华东师范大学校内先锋路口
网　　店　http://hdsdcbs.tmall.com

印刷者　上海当纳利印刷有限公司
开　　本　787毫米×1092毫米　1/16
印　　张　9
字　　数　257千字
版　　次　2019年7月第1版
印　　次　2024年8月第4次
书　　号　ISBN 978-7-5675-8440-2/P·065
定　　价　65.00元

出版人　王　焰

(如发现本版图书有印订质量问题，请寄回本社客服中心调换或电话021-62865537联系)

52 个适合全家一起玩的地质学实验，
发现岩石、宝石、晶洞、晶体、化石的

奇妙之处吧！

概　述·····················7
鉴别岩石与矿物·····················10

单元 1

单个的晶体·····················13
实验1　美味的款待·····················14
实验2　盐方块·····················16
实验3　宝石级的晶体·····················18

单元 2

晶　簇·····················21
实验4　晶体外壳·····················22
实验5　晶体花园·····················24
实验6　针状晶体巢穴·····················26
实验7　好玩的晶洞·····················28

单元 3

探究矿物标本·····················31
实验8　刮擦表面·····················32
实验9　神秘的条痕·····················34
实验10　冒泡泡的烦恼·····················36
实验11　晶体里的几何学·····················38
实验12　估测密度·····················40

单元 4

岩浆探秘·····················43
实验13　火山活动·····················44
实验14　有趣的侵入岩·····················46
实验15　制作岩浆蛋糕·····················48
实验16　火山坍塌·····················50
实验17　可可地壳·····················52

单元 5

超级沉积物·····················55
实验18　玩泥巴的乐趣·····················56
实验19　让沉淀物沉积下来·····················58
实验20　叠层的午餐·····················60
实验21　美味的砾岩·····················62

单元 6

主要的变质岩·····················65
实验22　布丁漩涡·····················66
实验23　像蛇一样弯曲的片岩·····················68
实验24　巧克力岩石循环·····················70

单元 7

破碎岩石 ·········· 73

实验25　寻找断层 ·········· 74
实验26　阳光曝晒 ·········· 76
实验27　疯狂的植物根 ·········· 78
实验28　摇晃并破碎 ·········· 80
实验29　冰冻的力量 ·········· 82
实验30　看！生锈了 ·········· 84

单元 8

理解地球 ·········· 87

实验31　岁月沧桑 ·········· 88
实验32　对立的两极 ·········· 90
实验33　地层露头 ·········· 92
实验34　哇！间歇泉 ·········· 94

单元 9

生命的印记 ·········· 97

实验35　树叶的印记 ·········· 98
实验36　恐龙的足迹 ·········· 100
实验37　疯狂的结核 ·········· 102
实验38　挖掘珍宝 ·········· 104
实验39　侏罗纪的琥珀 ·········· 106
实验40　寻找小化石 ·········· 108

单元 10

探寻财富 ·········· 111

实验41　淘金盘中的闪光物 ·········· 112
实验42　美丽的彩带 ·········· 114
实验43　晶洞和矿脉 ·········· 116

单元 11

太空岩石，也这样 ·········· 119

实验44　绚丽的粒子流 ·········· 120
实验45　天外来石 ·········· 122
实验46　好玩的陨石 ·········· 124

单元 12

岩石的艺术 ·········· 127

实验47　让我来画画 ·········· 128
实验48　迷人的黏泥 ·········· 130
实验49　制作砖块 ·········· 132
实验50　石头人 ·········· 134
实验51　看看你能堆多高 ·········· 136
实验52　我的藏宝格 ·········· 138

相关资源 ·········· 140
关于作者 ·········· 141
致　谢 ·········· 141
译后记 ·········· 142

概　述

地质学是关于地球的科学，学习地质学的目的是为了当你向其他人描述所看到的景色时，他们能同样理解。一旦你善于谈论你所生活的这个世界，你对地球的了解就会上升到一个新的水平，你会想弄清楚过去发生在地球上的事情，即使你在今天看不到发生了什么。没有人到过地球的中心，但是基于我们曾经到过的地方的信息所建立的模型，我们能够想象那里是怎么个情况。做一个预测，看你是否能证明它，并将这个结论应用到更大的问题上去，这就是科学。

在这本书里，你将学习到许多关于事情是怎么发生的以及为什么会发生。你将了解所看到的现象背后的科学原理，并且将学会以一种全新的令人激动的方式来思考地球。地质学其实并不难，其核心可归结为几个非常简单的概念——重力、摩擦、热量以及水的作用。在这本书中，你将学到：

如何制作属于自己的晶体

你会了解晶体是如何形成的以及如何区分它们。所有的岩石里都包含着矿物晶体，所以这是个不错的学习起点。

主要岩石类型之间的区别

你会了解三大主要岩类的形成，发现火成岩、沉积岩和变质岩背后的力量。

鉴定与探寻

你会了解科学家如何把宝石从普通晶体里辨别出来，以及他们如何寻找价值高的岩石。一旦你学会了如何把一种矿物与其他矿物区分开来，就能开始鉴别身边所发现的岩石和矿物。

如何分解（熵）

你会了解地球的作用力如何把新鲜的熔岩流变成海滩上的沙子，当然太阳和植物也在其中起了部分作用。熵（entropy）是指关于万事万物最终都会分解消亡的理念，就像钢铁会生锈、山脉会崩塌。

化石是生命的线索

我们生活的地球上，有着无数令人惊叹的化石等着被发现，你会了解古生物学家们如何去探索地球几百万年前的模样。

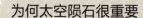

为何太空陨石很重要

你会了解彗星与陨石改变地球表面形态的过程。

岩石的意义不仅仅是石头

当你了解了岩石或者矿物晶体的内部结构和成分等性质后，你就可以在学习和玩耍中做些与岩石和矿物有关的事了。在这里你可以有许多方式展示你的石头宝贝，并用它们来制作工艺品或者日常用品。古代先民就是使用他们身边的这些材料来制作工具的，你也同样可以。

地质学有一系列的词汇表，其中许多专业词汇很古老，能追溯到很早的时期。许多外来词也会出现在地质学的专业词汇表里。例如：德语里单词schist (片岩，发 "shist" 的音)以及gneiss (片麻岩，发 "nice" 的音)都被用来描述某种变质岩类。夏威夷语里aa (发 "ah-ah" 的音)和pahoehoe (发 "pa-hoy-hoy" 的音)都被用来描述火山熔岩流，想想在夏威夷群岛上火山运动是那么活跃，词汇产生也就不难理解了。我们用aa lava指代块状和锯齿状的块状熔岩，用pahoehoe lava指代绳状且有波纹动感的绳状熔岩。这些只是其中几个例子。

地质学是一门基于大量观察进行收集、分析数据并通过建立部分科学模型进行预测的学科。幸运的是，地球按一种我们能够理解的方式在运动，所以如果我们能设计出一个合理的科学分析模型，就能用我们从这个模型里得到的数据来预测地球运动中其他力量的存在。我们可以通过用建立小的模型和实验来揭示一些秘密，哪怕是一些有趣的简单小实验，都能向大家展示我们生活的伟大地球的运动和变迁模式。这本书里的实验项目会帮助你理解、认识到身边的世界是多么的有趣。

最值得高兴的是大部分实验不需要多么昂贵的物料，从家里的厨房和车库就能找到。如果你想认真地学习并理解地质学，了解你所生活的地球，这本书也能帮到你。有些物料需要你费点心去寻找。例如，某些不容易找到的物料可能得通过在线订购等方式买到；也许你还需要跑去一些旧货店或二手市场淘些坛坛罐罐回来；或者光顾一些当地的工艺品商店，不过这些都能成为乐趣的一部分。

最后，一定要去光顾一下附近售卖矿物岩石和宝石的商店，去找找有没有相关的标本、书籍、工具以及如何开展你的收藏之旅的建议。

多年来，我花费无数时间与孩子们一起工作，例如给孩子们做讲座、实验演示或者成为一位金牌顾问，帮助他们去了解周围的世界。这本书里的许多实验久经考验，广

为人知，但也有些实验是全新的，或者在一些旧的方法上加入了新的创意。我们将从一些简单的概念开始，然后把一个个小概念串联成更大的奇思妙想。这种模式下，这些地质学实验的玩法就像是搭积木：一开始只有一点点，慢慢地，越搭越大。某种情况下，你也许会发现，学到的东西越来越多，就像拼图一块块被拼接起来。向别人展示他们已经了解的各种知识点怎样被串联起来进行应用，这一直是我最享受的事情。跑到海边去捡些岩石是件很有趣的事情，但是当你知道如何去鉴别各种岩石并且能解释它们是如何形成的时候，你就会有种自己是侦探，解开了一桩疑案的感觉。未来，你们中有些人也许会以地球科学研究为职业，或者成为到遥远的外星球去旅行的天体科学家。我希望你们梦想成真！

现在，让我们开始吧！但是先记住一点：没有谁会喜欢一个做事没条理的实验室伙伴。

鉴别岩石与矿物

　　岩石和矿物是地球构成的基本材料，矿物都有其固定的化学成分，所包含的不同元素的原子的比例也是既定的，比如方解石的成分碳酸钙（$CaCO_3$），由一个钙原子、一个碳原子还有三个氧原子组成。矿物可以通过测试条痕色、硬度、晶面夹角、比重等进行鉴定，我们在后续的实验中也将学到这些知识。岩石由不同的矿物组成，可以产生无限种不同种类和比例的矿物组合，并且这些矿物还可以通过无数种胶结、挤压或者熔合等方式形成岩石。要鉴别岩石，你首先得知道里面有哪些矿物成分，它们之间的结合形式，以及它们是如何形成的。在这里，你将了解岩石的三大"家族"：沉积岩、岩浆岩和变质岩。

　　右边及下一页除了展示了一些你们比较容易找到的、也是最为常见的矿物和岩石，也列出了少部分相对稀少并且比较昂贵的种类。这里列出的大部分岩石和矿物都很普通，如果你能学会分辨它们，就能开始解读身边的世界了。

矿物

方解石

绿帘石

长石

萤石

石榴石

自然金

石膏

玉石

孔雀石

白云母

黄铁矿

水晶

岩石

玛瑙   玄武岩   玉髓   燧石   砾岩

片麻岩   花岗岩   碧玉   石灰岩   大理岩

陨石   泥岩   黑曜石   欧泊   硅化木

石英岩   流纹岩   砂岩   片岩

单个的晶体

也许你听过这样一个笑话："怎样吃掉一头大象呢？"答案是："一点一点吃"。所以，怎样把地球"搭建"起来呢？答案自然也是："一块一块矿物晶体搭起来。"

不同的矿物晶体有着各种各样的晶形，矿物学家称之为"结晶习性"。常见的晶体形态有正方形、三角形和六边形等。通常晶体会在溶液冷却的时候结晶，这和制作冰块的情形类似。大多数情况下，晶体的结晶环境使得它很难结出完美的形态。结晶环境温度偏低、偏高，或者没有足够的结晶溶液等，都可能会导致各种奇奇怪怪的扭曲晶形出现。

当结晶环境正合适的时候，我们就能看到精美的晶体形态。通常这需要有个稳定的结晶环境：温度缓慢降低，单个质点能有足够的时间契合进入晶体格子的构造中去。晶体格子（简称晶格）是矿物晶体的基本结构单元，由矿物化学成分里的元素的原子组成，晶体格子可以无限重复。当越来越多的质点进入晶体格子的空间位置并相互连接时，矿物晶体就会变得越来越大。

在本单元的实验中，我们将会制作一种让晶格质点有充分聚合时间的溶液，有时候，这个实验先得找到一个"晶种"。晶种是已经形成的晶体，能向其他结晶溶液质点提供吸附结晶的机会。有时晶体会结晶成片状，但那样看起来不漂亮。我们希望得到一种漂亮的天然形态，所以我们可以使用晶种来获得想要的晶体形态。

美 味 的 款 待

一起做糖晶体吧！

实验材料

→ 1杯水（约236毫升）
→ 煮水用的锅
→ 至少3杯白糖（600克以上）
→ 金属勺（搅拌用）
→ 3 – 4滴任何颜色的食用色素
→ 粗纱线（或麻线，30厘米长）
→ 剪刀
→ 铅笔（15厘米长）
→ 玻璃瓶（或广口瓶，约473毫升）
→ 圆的（或环形的）硬糖
→ 纸巾（或餐巾、毛巾）

安全提示

— 在炉子或烤箱附近时，需小心注意，避免烫伤。
— 烧水时需要成年人的帮助。

实验步骤

第1步： 在锅里加入适量水，将其置于炉子上加热至沸腾，不建议使用微波炉。

第2步： 往锅里缓慢倒入白糖，同时搅拌促使其溶解。尽可能多地倒入白糖，直到锅底开始有溶解不了的糖，这样就能获得所需要的饱和糖溶液。

第3步： 往溶液里滴入几滴食用色素，然后放一旁冷却。

第4步： 剪一段纱线（或麻线），长度比瓶子高2.5厘米左右。

第5步： 把纱线（或麻线）的一端缠在一根铅笔上，纱线的另一端缠在一块硬糖上。将缠硬糖一端的纱线放入瓶口垂下，纱线的长度以硬糖不能触到瓶底为宜。

第6步： 用水把纱线充分浸湿，然后在纱线表面轻轻地撒上一些白糖，这样就弄了些"晶种"出来，把纱线晾干10分钟。

第11步：将线置于溶液中至少一周。如果想得到更大的糖晶体，可以往瓶子里加入更多的糖水溶液。

第7步：将冷却后的饱合糖溶液倒入瓶中，这种情况下溶液必须是冷却的，以防晶种被溶解掉。同时注意不要将平底锅底部的小块糖晶体倒进瓶子里。

第8步：将铅笔横架在瓶口上，使绑在线上的糖块漂浮在制作好的混合溶液中。

第9步：用纸巾（或餐巾、毛巾）覆盖住瓶口，把瓶子放在厨房的某个角落，静置勿动。

第10步：一天后，检查一下绑在铅笔上的线，上面应该已经聚集了些细小的方块状糖晶体了。

奇思妙想

1. 如果使用鱼线或者其他更顺滑的绳子来实验，会发生什么情况？

2. 用放大镜来观察固化了的结晶体，它们是什么形状的？你会把它称为正方形还是立方体？

3. 如果在制作糖水溶液时加入两倍的水，会发生什么？糖还会在纱线上结晶吗？

科学揭秘

制作糖晶体的过程是了解饱和溶液在室温下的不稳定性的绝佳途径。由于温度下降，饱和溶液的溶解度降低，晶体就开始析出。随着时间的推移，水也逐渐蒸发，糖的结晶体开始形成。这也是不要给瓶子盖上盖子的原因。

糖的化学式为 $C_{12}H_{22}O_{11}$。它包含了：12个碳原子、22个氢原子和11个氧原子。糖晶体的形态是立方体，结晶习性是等轴晶系。如果用量角器测量其角度，会发现糖晶体的每个折角都是90度。

如果不断地向瓶里倒入糖水溶液，你能得到更为巨大的糖晶体。这是理解地球内部的晶体结晶形成过程的关键：地球岩石缝隙间涌流的"溶液"（成矿热液）不断地补充到小型结晶体上，使其不断结晶增大。如果你在岩石里发现了一些小的矿物晶体，这也许说明它们的结晶时间不够长。而结晶硕大的矿物晶体通常能给矿物学者一个启示：这些晶体生长的条件优越，是在有充分的含矿热液补给的条件下，经过长时间缓慢结晶形成的。

盐 方 块

自己动手培育完美的立方体盐块吧！

实验材料

→ 1杯水（235毫升）

→ 7–8勺（约126–144克）食盐（氯化钠，NaCl），碘盐也可以

→ 食用色素（可选）

→ 干净透明的容器

→ 小碟子（可选）

→ 细绳（或鱼线，30厘米长，可选）

→ 剪刀（可选）

→ 铅笔（或黄油刀，可选）

→ 纸巾（或咖啡滤纸，可选）

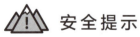

安全提示

— 不要把盐弄到眼睛里去。

— 接触盐后要立刻洗手。

— 烧水时需有成年人的帮助。

— 在炉灶边时须小心，避免烫伤。

实验步骤

第1步：首先将水和食盐混合成饱和盐溶液，再将少量溶液倒入小碟子（或浅口碗）里，制成晶种。随着水分的蒸发，盐晶体逐渐成型，时间通常得过一晚上。从碟子里析出的盐晶体颗粒中挑一颗方形的单晶体出来。

第2步：小心地将饱和盐溶液倒入干净的容器中（注意确保盐应当完全溶解，没有未溶解颗粒），并使其冷却。将晶种颗粒用绳子悬挂在溶液中，并将绳子另一端系在铅笔（或小刀）上后横架于容器口。可在容器上加盖咖啡滤纸（或纸巾）来避免灰尘进入，同时还能保证水分的顺利蒸发。

第3步：将容器静置于一个不会被移动或触碰的位置，盐晶体就会缓慢结晶成型。如果能够让饱和盐溶液在一个完全没有晃动的阴凉遮光的环境里缓慢降温结晶，就更可能得到一个完美的大晶体而不是一团杂乱的小晶体。通常要获得这样的效果得放置一周甚至更长时间。

奇思妙想 ·····················

1. 试着使用不同类型的食盐和水进行实验，并观察结晶出的盐晶体的外观有什么不同。

2. 如果想做出"完美的盐晶体"，可以试着用无碘盐和蒸馏水来制作。盐或水中的杂质会导致结晶时晶格错位，即新的小晶体不能顺利地堆叠在先前成型的晶体之上。

3. 把饱和盐溶液倒入一个透明容器中，让水分慢慢蒸发，就能得到一团小的盐晶体。通常盐晶体会聚在容器的某一边进行结晶。

科学揭秘

这个实验最困难的部分就是将绳子绑到晶种上。倘若没有晶种，最后能得到的通常只是一块壳状的盐的结晶体。而一颗完美的晶种能使饱和溶液中多余的盐分陆续结晶在其表面，因此这个盐晶体的结构能够不断增大。这就是我们之前讨论过的晶体格子，盐拥有完美的立方体晶格，不论晶体大小如何，它各个方向的长度都相等。

盐的化学分子结构很简单，由一个钠原子（Na）和一个氯原子（Cl）聚在一起形成。因此盐的化学式很简单：NaCl。在晶格方面，原子在各个方向上无限重复附和：一个氯原子出现，就有一个钠原子在其边上附和，反之亦然。

盐可以用多种方式制取。在有些地方，太阳光蒸发了盐水中的水分从而产生盐的结晶体。也有矿工在地下盐丘（盐穹）舀取盐晶体或者将硬化的盐板切成小块。有些专门的盐铺销售来自世界各地的盐，这说明盐仍然是我们日常生活饮食的重要组成部分。

宝石级的晶体

自己动手制作明矾晶体，把它装点在自制耳饰或手链上吧！

实验材料

→ 热水（120毫升，开水也可以，但不是必须的）

→ 2个广口瓶（约946毫升）

→ 纯明矾粉（约45克，注意应确保是硫酸铝钾）

→ 金属勺（搅拌用）

→ 纸巾

→ 橡皮筋

→ 细尼龙鱼线（30厘米长）

→ 剪刀

→ 尺子（或铅笔、单根筷子）

安全提示

— 烧水时需有成年人的帮助，以免烫伤。

— 避免明矾入眼，一旦入眼，需用凉水冲洗干净。

实验步骤

第1步： 往1个干净的广口瓶里加入半杯（约120毫升）热水。

第2步： 将明矾倒入瓶内的水中，用金属勺缓慢地搅拌，直至明矾因无法溶解而开始在瓶底堆积。这说明瓶中的明矾溶液已经饱和。

第3步： 用纸巾覆盖瓶口，并用橡皮筋绑住固定。以此避免灰尘进入瓶子，也防止杂质进入结晶环境破坏晶体结构。

第4步： 静置一晚上（至少16小时）。

第5步： 将瓶中的溶液倒入第二个瓶子，注意将已经结晶的明矾沉淀物留在第一个瓶子里。仔细观察这些沉淀物，这些就是用来制作大晶体的明矾晶种，所以要确保它们的体形足够大以便进行下一步实验。倘若沉淀物的体形不够大，需将溶液从2号瓶倒回1号瓶，再静置一天看看。

第6步： 将鱼线系在最大的明矾晶种颗粒上，注意不要损坏结晶体。如果晶种颗粒太小，则需返回第5步继续把晶种培育大点。晶种的外形越完美，最后培育出的晶体就越成功。

第7步：将鱼线的另一端系在尺子上，也可以用铅笔（或筷子、其他类似的东西）替代，这样就可以将晶种颗粒悬在明矾溶液中。注意不要让颗粒接触瓶壁或者瓶底，因为这会影响最终得到的结晶体的形状。

第8步：再次用纸巾和橡皮筋封住瓶口，将瓶子置于偏僻的安全处。

第9步：等待至少一周，时间越长，获得的晶体越大。如果你发现2号瓶中有小的晶体颗粒开始成型，请将拴在鱼线上的大结晶体取出（连同尺子和线），并放回1号瓶中，再将2号瓶的溶液也倒回1号瓶里。注意不要让溶液中的小晶体颗粒混入，以防它们和大晶体争夺饱和溶液中的明矾质点，导致大晶体长不大。

 奇思妙想 ....

1. 试着在鱼线上同时绑上几个或许多细小的晶体作为晶种来培育。

2. 试着改变明矾溶液的冷却速度，例如，在溶液里加入冰块，或将瓶子置于冰水中，或将溶液倒入较深的平底锅后放置在温度很低的炉子上。

3. 也可以试着不用鱼线来培育晶体，将种晶直接放入饱和明矾溶液中。

4. 试着向饱和明矾溶液中加入黄色荧光笔中的荧光液，这样最后得到的大明矾晶体就会在紫外光下出现荧光效果。

科学揭秘

科学家们称明矾为水合硫酸铝钾，化学公式为$KAl(SO_4)_2 \cdot 12H_2O$。这说明它的成分里有一个钾原子（K）和一个铝原子（AI）。它是一种硫酸盐，由硫和氧组成，并且它是水合物，意味着它含有水分子，在此化学式中有十二个水分子。

明矾在古代被用来净化水质，因为它能吸附不论是漂浮的还是下沉的淤泥和固体物。如今，它被用于止血、除臭和腌制工艺。在印度，明矾被称作"Fitkari"，而在部分亚洲地区称作"tawas"。如果能得到不断补充的饱和溶液，明矾能够结晶成很大的晶体。明矾是等轴晶系的矿物，常见的晶形（八面体）的形状与底部重合的两个金字塔相似。只要有新的饱和明矾溶液不断流向结晶体开始形成处，结晶体就会持续增大。在室温下，明矾晶体就很容易结晶，经过研磨的晶体还可以做成既好看又实惠的首饰。

晶　簇

　　拥有一个单独晶体的感觉好极了，但那种情况通常不是地球上常见的。许多晶体聚集在一起看起来会更有乐趣。因为你不必像欣赏某些单独的小晶体那样需要用到放大镜。

　　自然界中，晶体成簇状连在一起产出，是因为其结晶时的成矿溶液过于饱和。晶体最初是高温的成矿溶液，在一定的结晶环境下，溶液温度缓慢降低，晶体结晶析出，依晶体结构形成一定的晶形。

　　有时候在某些特定条件下，能形成矿脉，矿脉里偶尔会富集金、银以及一些其他金属元素，有时候矿脉里也会形成一些小孔洞，孔洞里会有类似于红宝石、蓝宝石、祖母绿等宝石晶体。"晶洞"（Vug）这个词，指的是矿脉里能形成较大的晶体的孔洞或者裂隙。许多极具价值的宝石晶体形成于晶洞中，在那里，含有宝石成分的成矿溶液能够在合适的空间里缓慢地结晶，形成巨大且造型优美的晶体。

晶体外壳

在任何你想象得到的结构上培育晶体吧！

实验材料

→ 扭扭棒
→ 广口玻璃瓶（约946毫升）
→ 细绳（或鱼线，约30厘米长）
→ 剪刀
→ 尺子（或铅笔、单根筷子）
→ 煮水的锅
→ 水（约946毫升）
→ 硼砂（或白糖、食盐）
→ 长木勺（搅拌用）
→ 蓝色（或其他颜色）的食用色素

安全提示

— 接触硼砂后要洗手。
— 烧开水时需要成年人的帮助。
— 在火炉边时，需要小心，避免烫伤。

实验步骤

第1步： 将扭扭棒折叠组成各种形状的框架——雪花状、方形、金字塔形、圆圈形等。

第2步： 确保做成的框架的大小能顺利通过广口瓶的瓶口而不受挤压。如果不能，修剪掉一些边角。

第3步：将绳子的一端系在扭扭棒折成的框架上，另一端系上一把尺子（或铅笔、筷子）。确保框架不会接触到瓶底（留有大约2.5厘米的空间）。测量好合适的长度之后，将绳子打结固定并将其从瓶中取出。

第4步：用锅烧开水（约946毫升），从中取3杯（约709毫升）热水倒入广口瓶里。每杯水（约235毫升）加入3勺（约54克）硼砂（或糖、盐），总计加入9勺（约162克）硼砂。持续搅拌，即使最后瓶底出现少量固体残留也不影响实验。

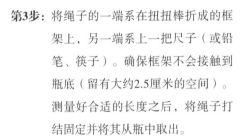

第5步：如果想制作彩色的结晶簇，往瓶中加入一些食用色素后再搅拌。若结晶过程中加入大量色素，结晶体的形状会不易于辨认。

第6步：用绳子将扭扭棒做出的框架悬挂在瓶子里，把尺子横架在瓶口上。让瓶内的溶液完全没过扭扭棒框架。

第7步：将瓶子置于某个无人触及的安全处，避免碰撞或者晃动。

第8步：如果用硼砂做原料，次日便能在框架和绳子上形成结晶体；如果用糖作原料则需要稍长的时间；而盐结晶的过程最慢（大约需要两三天）。

 奇思妙想 ························

试着把扭扭棒弯曲折叠，组成花朵、雪花或者其他形状的框架。

科学揭秘

把干燥的化学物质与水混合，就会形成过饱和的悬浮溶液。悬浮溶液是指含有大到足以在液体中悬浮的固体颗粒物的混合溶液。通过将化学物质与热水（而不是室温水或凉水）混合，它的悬浮状态能保持更长的时间。如果用凉水，就无法像在热水里那样溶解那么多的化学物质。

随着过饱和溶液的冷却，化学物质开始结晶。在瓶子底部和扭扭棒上都会形成结晶体。饱和溶液会在扭扭棒框架和其他结晶体的顶部持续结晶形成壳状物，直到将其从溶液中取出为止。

硼砂，也称四硼酸钠，是一种常见的硼酸盐类矿物，化学公式为$Na_2B_4O_7 \cdot 10H_2O$，B代表硼。富含硼的溶液蒸发后就形成了硼砂，这种情况在时令湖（间歇性积水的湖泊）中较为常见，例如位于美国南加利福尼亚州和内华达沙漠里的那些时令湖。

晶体花园

木炭基质的晶体花园实验是一个经典的晶体培育生长实验，从中能够观察到晶体的结晶生长过程。做实验时可以考虑加入色素，使最后得到的成品颜色更加丰富。

实验材料

→ 木炭（或硬纸板、海绵、多孔岩石）
→ 玻璃盘（或非金属的浅口碗）
→ 锤子（可选）
→ 水（最好是蒸馏水）
→ 广口瓶（946毫升）
→ 无碘盐（氯化钠）
→ 氨水（可选）
→ 洗衣用上蓝剂*
→ 食用色素

实验步骤

第1步：收集所需的实验材料。

第2步：将一块块基底材料（类似于硬纸板、木炭煤球、海绵、软木塞、板砖或多孔岩石等）置于平坦的非金属盘子或碗里。由于需要的是小块的基底材料，所以可能需要小心地用锤子将大块材料敲碎。

---

* 编者注：建议直接使用Mrs. Stewart's品牌产品效果最好。如果找不到现成产品，可以将小苏打和普鲁士蓝色粉混合，再以1:1比例加入蒸馏水，制成所需要的上蓝剂。

这个实验将我们之前实验中演示过的晶体结晶生长的原理和木炭的特性结合了起来。由于木炭多孔，它吸收水分的速率恰好与晶体增长速度相契合。

这些结晶体非常脆弱细小，就像尘埃一样，可以手持放大镜仔细观察。

第3步：在基底材料上洒水（最好是蒸馏水）直至材料完全湿透，让过多的水流走。

第4步：在一个空广口瓶中，加入3勺（约54克）无碘盐，3勺（约45毫升）氨水，和6勺（约90毫升）上蓝剂。搅拌混合物直至盐溶解。

第5步：将得到的混合溶液倒在基底材料上，液面高过之前的基底材料。

第6步：再往广口瓶中加入少量水，旋转冲洗剩余的化学物质，并将溶液也倒在基底材料上。

第7步：将食用色素一点点滴在"花园"状结晶体的表面，未附着色素处将呈现白色。

第8步：在"花园"状结晶体表面撒些盐（约28克）。

第9步：将"花园"状结晶溶液静置于不会

被触碰的安全之处。

第10步：在第二天和第三天时，分别将约30毫升的由氨水、水和上蓝剂做成的混合溶液倒在之前做花园状结晶体的容器底部。注意：不要将液体倒于正在结晶的脆弱小晶体上。

第11步：将容器放置在不会被触碰的安全区域，但是需要定期查看，让它慢慢结晶，直到形成让你满意的造型。享受这个培育过程吧！

 安全提示

— 接触化学品后需洗手。

— 接触化学品时需有成年人的帮助。

— "晶体花园"内的成分均不可食用，建议有成年人在旁监管。

 奇思妙想

这个实验中的结晶体很快就能成型，因为基底材料（木炭、砖块等）的表面积较大。开始时，结晶体渐渐在多孔材料上形成，然后因毛细管作用（虹吸效应）吸收盘子上的液体而增大。随着材料表面的水分蒸发，固体物沉淀并形成结晶体，然后从盘子底部吸收更多的溶液持续结晶。

针 状 晶 体 巢 穴

一个原子搭着一个原子，慢慢地用结晶的方法建造属于你自己的针状晶体吧！用这个方法可以学习晶体结构。

实验材料

→ 小碗（或杯子、一次性的塑料容器）
→ 热水（约120毫升）
→ 金属勺（搅拌用）
→ 泻盐（约115克）
→ 食用色素

安全提示

— 使用泻盐后要认真洗手，避免进入眼睛。泻盐一般会用于药浴，虽然对皮肤无害，却会刺激眼睛。
— 使用温热但不滚烫的水。

实验步骤

第1步：将半杯（约120毫升）热水倒入碗（或杯子、一次性塑料容器）中。

第2步：添加一两滴食用色素。

第3步：再用金属勺把半杯（约115克）泻盐加入溶液中进行搅拌（木质勺会吸收一些化学物质，塑料质勺也许会被试剂沾染，所以不要使用这些材料的勺子）。最后，也许会在容器的底部看到一些固体盐，这意味着

溶液已经饱和——水中无法再溶解更多的泻盐了。

第4步：将容器放入冰箱冷藏至少4个小时。

第5步：将容器从冰箱取出，倒出多余的液体。用于结晶的时间越长，晶体会生长得越长。

奇思妙想 ·····················

1. 把晶体放在暖空气中生长，而不是放在冰箱里，会发生什么情况呢？此时实验所需要的时间是会增加还是缩短呢？

2. 倒入更多的溶液时，会发生什么？得到的晶体会增多还是减少？

3. 倒入更多的溶液，同时新溶液使用了另外一种不同颜色的色素时，会发生什么情况？会得到一种混合颜色的晶体吗？

科学揭秘

泻盐的化学方程式是$MgSO_4$，其分子结构由1个镁原子、1个硫原子和4个氧原子组成。它得名自英国英格兰地区的一汪泉水，当地的居民发现在泉水里泡澡能缓解肌肉酸痛和关节疼痛。今天，这汪泉水仍用来制作浴盐和灌溉农田。

这种泻盐的有趣之处在于它的吸水性，因为盐晶体不断地吸收空气中的水分，很难精确地测量它们的重量。你在这个实验中观察到的现象是溶液水分在快速蒸发，因为使用了热水来制作盐溶液，所以可以使液体饱和到不能再溶解更多盐的程度。一旦温度下降，盐溶液就开始结晶析出。和水结冰不同，泻盐溶液的结晶析出的现象更加引人注目，每一个方向都会有尖头出现。

因为泻盐溶液中已经有许多微小的、已溶解的晶体，所以不需要晶种就可以开始进行这个实验。当水开始蒸发，泻盐晶体就开始生长，它们从容器底部开始，慢慢生长为一个真正的针状巢穴。

遗憾的是，这些晶体并不能用来制作首饰，因为它们太容易碎了；同样的，它们也并不好吃。但是这个实验可以快速地做出成果，所以这是进行晶体入门学习的一个好方法。

晶体的清理十分简单：只需要把碗洗干净就好了。食用色素会把塑料容器弄脏，简单的处理方法是，将塑料容器洗净后，再回收利用。

好玩的晶洞

使用普通厨房里能找着的化学制品来制作一个晶洞吧！这个实验需要用到明矾，也可以像实验4（第22页）那样，使用相同比例的硼砂替代明矾，或者像实验2（第16页）一样，用同等比例的盐来代替。

实验材料

→ 一些塑料蛋壳（或小塑料碗）
→ 开水（约946毫升）
→ 搅拌碗（或广口玻璃瓶，约946毫升）
→ 纯净的明矾粉末（约135克，硫酸铝钾，必须用对品种）
→ 长木勺（搅拌用）
→ 食用色素
→ 强力胶（不要使用水溶性胶水）

安全提示

— 避免把溶液弄入眼中。
— 使用完化学品记得洗手。
— 烧开水时需要成年人的帮助。
— 使用灶具时请小心，避免烫伤。

实验步骤

第1步：首先，要确保塑料碗（或塑料蛋壳）是干净的。当然，也可以使用一个真的蛋壳，如果它足够大并且经过清洁的话。之后，当你做实验时，如果晶体结晶得足够厚了，可以把蛋壳敲掉。

第2步：将水（约946毫升）烧开，再把大约3杯（约709毫升）的开水倒入搅拌碗（或玻璃瓶）中。按照每杯水（约236毫升）加入两勺半（约45克）明矾的比例进行添加，如果想制作大量晶洞的话，只要保持这个混合比例即可。然后进行搅拌，如果出现一些明矾沉淀在瓶子的底部，也不必担心。

第3步：如果希望得到的晶簇是有颜色的，需要向瓶内添加很多的食用色素并搅拌。

第4步：滴几滴胶水在碗里（或蛋壳中），将它们涂在边缘的内侧。在胶水干燥之前，撒入一些明矾（或硼砂、盐）的晶体。这些晶种将帮助晶体更快地生长。

第5步：将混合溶液倒入塑料碗（或蛋壳）中。如果用的是鸡蛋，借助毛巾（或松饼罐、空鸡蛋容器）等物体的辅助将蛋壳垂直放置。

第6步：将倒入溶液的小容器放置在一个安全的地方进行冷却，确保液体不会漏出。

第7步：24小时后，就能看到一个有着坚硬外壳的晶洞形成了。当然，晶洞里所有的水分都蒸发掉需要一段时间，如果不想等这么久，可以把剩余的液体倒入其他的容器里，留待以后使用。

 奇思妙想 ·····················

如果你想制作出"太空石"的效果，需要添加一些荧光涂料到之前的混合溶液里去，最后得的晶洞会出现发光的效果。

科学揭秘

　　自然界的晶洞形成自火成岩和沉积岩中的圆形空心结构。起初，它们可能是岩石中的一些气孔或者小洞，随着岩石中富含二氧化硅的热液流入孔洞，进行填充。有时，热液会吸收所接触到的岩石的颜色，并在晶洞中形成颜色分层的玛瑙带。在实验42（第114页）中，我们将了解到关于这方面的更多知识。

　　从外部形状看起来，晶洞就像是普通的石头。但是晶洞的内部却因为热液缓慢匀速的冷却而形成了十分曼妙的形状。晶洞内也有可能因其他热液涌入而被刷新，通常热液含有二氧化硅，会在晶洞内形成石英，但有时像方解石这样的矿物质也有可能会进入结晶。有时，物质会以气态的形式进入晶洞，此时附着在晶洞内的晶体会稍微长出一些。其他时候，物质以热液的形式流入晶洞内，自下往上，慢慢地填满晶洞。

　　在美国，许多地方都有晶洞和"雷蛋"，这些地方普遍有很多的火山岩，比如俄勒冈州著名的理查德森牧场（Richardson's Ranch）。爱荷华州的基奥卡克（Keokuk）也以能在当地的岩石中寻找到晶洞而闻名。打开晶洞是一件非常有趣的事情，因为你不知道里面会有什么景象在等着你。你可以在许多网站上订购到属于你自己的晶洞，然后打开它体验一下那种感觉。

探究矿物标本

在已经培育了属于我们自己的晶体并目睹它们长成晶簇之后，是时候去探究一下矿物了。有许多测试方法用来区分不同的矿物，类似于硬度、颜色、晶形和密度等。通过学习这些简单的测试方法，我们在鉴定一些不了解的矿物的时候，可以缩小答案的可能范围。

矿物性质的区分体系是很重要的，科学家以此鉴定出了数千种产自地球上的矿物，大部分非常稀有，有些只能在某些特定环境条件下存在。也不断有更多的新矿物被发现，你依然有可能发现一种稀有的未知新矿物，并以你的名字命名（在你的名字拼音后面加上–ite字母后缀），如果这听起来还不错，你可以去网上查查你找到的矿物的晶体结构，看它是否已经被发现。

组成地壳的那些最常见的矿物品种已经被研究很长时间了。如果你能学习矿物晶体研究的基本知识和技能，就能鉴别和探究来自身边的自然世界的晶体矿物的奥秘。

刮擦表面

尽可能去找来不同性质的材料，然后建立起一个"什么可以刮伤什么、什么却不能刮伤什么"的材料列表。

实验材料

→ 硬币
→ 陶器
→ 瓷砖
→ 玻璃
→ 钉子
→ 自己的指甲
→ 小刀
→ 各种矿物晶体：黄铁矿、方解石、石膏、石英等
→ 实验日志，钢笔（或铅笔）

安全提示

— 各种材料的边边角角都很锋利，注意不要伤到自己。

实验步骤

这个实验的目的是让你收集各种材料，然后试着去刮擦它们。如果手边没有任何矿物的话，可以使用身边能找到的东西。列出一张表，看看你能不能清晰地辨别出哪些物体能在哪些东西上刮擦出痕迹、而哪些则不能，将它们分级列入表中。

 奇思妙想 ·····················

1. 尝试使用钢钉来划几种不同的硬币。每种硬币都有点不同，但一般来说，较旧的老硬币更难划出痕。还可以再试试划其他种类的硬币。

2. 看看是否可以用一块玻璃或不同类型的金属（如黄铜钉或螺丝钉）在硬币上划出痕。

3. 尝试用石英晶体来划玻璃、硬币或者钢材，看看会有什么结果。

4. 再试着划其他在身边能找到的材料，比如陶器、金属尺或旧的炊具等。

5. 尝试用自己的指甲来划粉笔、硬币或陶器，看看有什么结果。

科学揭秘

1812年，德国矿物学家弗里德里希·摩斯（Friedrich Mohs，1773–1839）根据十种常见或容易找到的矿物设计出了摩氏硬度表。这个表不是一个线性的数值标准，而是用来方便人们理解不同材料之间的相对软硬度，所有的天然物质的硬度都界定在从1到10的区间内。滑石的硬度值最低，是1，是自然界最软的矿物；金刚石的硬度值最高，为10，没有任何天然物质能划动金刚石。其他所有固体物质的硬度都介于这两者之间。

硬度是某种材料的晶体结构固有的性质，每个矿物收藏者都需要知道摩氏硬度表，因为这是野外测试中重要的一项。你可以随身携带几种常见的硬度标尺性物品，用它们快速地辨别出所需要测试的矿物岩石的硬度。

注意：你的指甲在比较不同矿物时很有用。以下是你应该在实验中列出的表：

刮擦列表	
摩氏硬度	**测试材料**
1	滑石
2	石膏
2.5	指甲
3	方解石
2.5-3	金、银
3-3.5	常见陶器
3	铜质硬币
4-5	铁
5.5	刀片
6-7	精致陶器
6-7	玻璃
6.5	黄铁矿晶体
6.5-7	瓷器
7	石英晶体
7+	硬化处理的钢锉

神秘的条痕

学习如何使用普通的瓷砖来发现属于矿物粉末的独特颜色。

 实验材料

→ 瓷砖（1块碎瓷砖，最好是白色的）
→ 各种硬币（或金属）
→ 赤铁矿（可选）
→ 孔雀石（可选）
→ 蓝铜矿（可选）

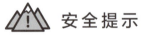 安全提示

— 避免被瓷砖锋利的边缘划伤。
— 避免吸入瓷砖上划条痕时弄出的粉末。

实验步骤

第1步：在瓷砖上找到一处干净的部位。

第2步：用你想要测试的材料在瓷砖的干净部位划线，并记录下划过后产生的痕迹里粉末的颜色。可能需要划得用点力。

第3步：再分别用不同的材料在瓷砖上划痕，如钉子、衣架或铜线等。

 奇思妙想 ....

1. 当你试着用玛瑙或木化石划瓷砖时，会发生什么情况呢？

2. 用钻石能在瓷砖上划出带粉末的划痕吗？

3. 你能用科学解释为什么我们可以用铅笔在纸上写字吗？

科学揭秘

这个实验中蕴含着两个原理。首先，瓷器实际上相当硬，大约能达到摩氏硬度的7度。因此，它比你想测试的大多数材料更硬，会把那些材料磨成粉末。其次，粉状物质是"新鲜的"，也就是说，它尚未氧化或尚未因阳光、潮湿或遇水产生化学反应而风化。

如果你没有找到可以做实验的矿物，也没关系。你仍然可以使用身边的金属来进行实验。大多数金属比瓷砖更软，会在金属上产生清晰的条痕。那么，当你发现一种比瓷砖更硬的金属时，实验中会发生什么情况呢？你能把瓷砖刮出瓷粉来！

大多数类似于硬币之类的金属物体是一种由不同金属组成的合金。因为如果用纯铜来制作硬币的话会太软，不合适。所以造币厂会在制作硬币的时候往铜里面添加一些能提高铜硬度的合金金属，以保障硬币在流通的时候不容易被磨损。即使是黄金，也能在瓷砖上划出条痕（可以猜想一下黄金划出来的条痕是什么颜色的）。对于使用了银作为合金材料的金首饰，好的金匠通常能通过其金料的颜色判断出里面银的含量，这种金合金，含银越多，金色调越淡，银和灰色调越浓，具体颜色取决于银的含量。但是，千万不要因为学习科学，把一件漂亮的首饰拿来做实验，毁了首饰哦！

冒泡泡的烦恼

来学习如何让石头发生"嗞嗞"冒气泡的化学反应吧。"石灰石遇酸产生反应冒泡"是全世界的实验室里或野外科研活动都会涉及到的经典测试项目。

实验材料

→ 实验日志，笔
→ 粉笔（最好是黑板上用的粉笔，其次是标记粉笔）
→ 小盘子（或小碗，至少准备4个）
→ 柠檬汁
→ pH试纸
→ 滴管（或小勺子）
→ 放大镜（或手持透镜，可选）
→ 醋

安全提示

— 避免醋或柠檬汁进入眼睛。若进入眼睛，要用大量清水冲洗。
— 不要吸入化学反应时产生的烟雾。

实验步骤

第1步： 在实验日志上制作表格，记录你观察到的现象和数据。

第2步： 在每个碗里都放一段差不多一样长的粉笔。

第3步： 测一测柠檬汁的pH数值，记录下来。

第4步： 滴几滴柠檬汁到一个碗里的粉笔样品上，观察它们是否发生了化学反应。记录你的观察结果。在观察反

应的过程中，你可能需要一个手持放大镜。

第5步： 测一测醋的pH数值，记录下来。

第6步： 在另一碗粉笔样品中滴入几滴醋，观察它们是否发生了化学反应。同

样的，如果必要的话，用一个手持放大镜观察粉笔样品的表面。记录你的观察结果。

第7步： 重复实验的第4步和第6步，但是这次先把粉笔碾成粉末后再做实验。

1. 如果你有一块石灰石，把它作为样品替代粉笔，先碾碎，然后分别与之前实验里的两种酸放在一起。

2. 试试用其他的石头替代粉笔，比如白云石和方解石。

3. 变换酸的温度，看看实验结果会不会有改变。

4. 尝试用柑橘类的不同水果汁做实验，测测每一种果汁的pH值，并记录在实验日志上。

5. 研磨粉碎一只贝壳，把贝壳粉末投入至以上实验中，替代粉笔看看实验结果会怎样。

科学揭秘

这个实验测试了化学风化——一个存在于地球表面非常显著的作用力。实验呈现了pH值酸碱性与碳酸钙之间的关系，包括粉笔、石灰石、方解石、白云石和其他富含碳酸盐的岩石。它们表面所产生的泡泡是由于醋酸（来自于醋）和柠檬酸（来自于柠檬汁）遇到碳酸盐矿物后相互作用的结果。碳酸盐矿物的碳酸根由一个碳原子和三个氧原子组成，即CO_3。如果其中一个氧原子被反应带走，那么二氧化碳气体就出现了，即CO_2。

醋酸和柠檬酸都是很弱的酸，所以比较安全适合孩子使用。大学地质系的学生学习矿物学时，会使用盐酸（HCl，一种强酸）来进行这些试验，从而产生更强力

的化学反应。野外地质学家通常随身携带一小瓶盐酸，用以检验石灰岩或白云岩。石灰岩遇酸会产生大量的气泡，而白云岩可能需要先粉碎或将酸液加热后才能产生反应。普通的岩石，如石英、玛瑙或玄武岩不会产生反应，因为它们的化学成分里不含碳酸根。

大多数的地表水呈微酸性，会缓慢地与石灰石发生反应并将其腐蚀掉。这就是为什么我们会在许多大型石灰岩的地层中看到洞穴的原因。通过不断地冲刷石灰岩，水可以缓慢地溶解岩石。流动的水通过不断地侵蚀石灰石，将其中的碳酸钙搬运到其他地方重新结晶，就形成石钟乳、石笋、流石和其他形式的岩溶地貌。

实验 11　晶体里的几何学

来学习如何确定晶体的角度吧。你可以用到在单元1中制作的晶体哦!

实验材料

→ 直尺
→ 量角器
→ 晶体样品（如石英、黄铁矿、方解石、长石、云母、明矾或在单元1的实验中制作的其他晶体）
→ 实验日志和笔（铅笔或钢笔）
→ 手持放大镜（可选）

安全提示

— 避免被晶体表面的尖锐边缘划伤。

实验步骤

第1步：把直尺放在量角器的中心，搭成一个测角仪，直尺比量角器高出5厘米。

第2步：把晶体样品的一个面贴住量角器的底部，另一个面贴着直尺，这样就可以测量出一个晶面间的夹角角度。

第3步：记录不同的晶面间夹角角度，直到完成对一个晶体样品的整套测量。

第4步：用这个方法去测量不同的晶体。

 ## 奇思妙想 ....

1. 你住所周围还有什么矿物晶体能测量？

2. 你怎样才能测量在网上找到的晶体图片？

3. 像黑曜石这样的物质没有晶体结构，你知道这是为什么吗？

科学揭秘

测角仪的历史可以追溯到1538年，由荷兰研究航海和测量的数学家杰马·弗里希斯（Gemma Frisius）提出。他的学生中有位叫杰拉杜斯·墨卡托（Gerardus Mercator），绘制出了一幅著名的早期世界地图——墨卡托投影图（the Mercator Projection）。诺贝尔奖得主德国物理学家马克思·冯·劳厄（Max von Laue）在1912年使用测角仪探索晶体的原子结构时，发现晶体在外形上存在一系列独特的、可测量的角度。与晶体样品的大小无关，无论晶体样品是像手一样大还是和大拇指一样小，只要能测量出晶面间的夹角角度，同一晶体所有对应角度的数据应该是相同的。

一旦掌握了如何测量晶体的角度，就能尝试着抛开工具用肉眼去辨别矿物了。比如说，纯方解石晶体的外形像一个稍微倾斜的立方体，称为菱面体，各个二维面之间的晶面夹角分别是：74°、106°、74°、106°，加起来正好360°。盐的晶体形状是一个完美的立方体，四个晶面夹角都是90°。

下一个阶段是学会识别晶体的结晶习性——同一种矿物共同的外观特征总结。常见的结晶习性有七种，由此把晶体区分成七大不同的晶系：等轴晶系、四方晶系、六方晶系、三方晶系、斜方晶系、单斜晶系、三斜晶系，当然，还有非晶体（即没有晶体结构，也不属于任何晶系，如玻璃）。一旦你能列出所学过的所有晶体的角度和结晶习性，那么以后当你在野外看到不同的晶体时，就能观察它们的特点，并把它们辨认出来。地质学家和矿物学家们甚至只要用手持放大镜看看，就能确定晶面夹角并确认矿物的种类。

估 测 密 度

学习如何测定矿物的相对密度
（又称为比重），即纯净矿物
在空气中的重量与同体积纯水
重量之比。可以用测量密度作
为鉴别矿物的又一种方法，因
为几乎每种矿物的密度都有所
不同。

实验材料

→ 小型的电子秤，可称重量300克
→ 小块矿物样品（如方解石或石英等）
→ 实验日志和笔（铅笔或钢笔）
→ 塑料杯
→ 水
→ 回形针（或金属丝）

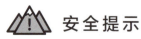

安全提示

— 不要在弯折回形针时扎伤自己。

实验步骤

第1步：将电子秤的显示数字归零。

第2步：把矿物样品放在电子秤上称重，把
重量值W1记录在实验日志上。

第3步：在塑料杯里装上四分之三的水。

第4步：把盛有水的塑料杯放在电子秤上，
然后用细绳吊住回形针放入水中悬
浮，接着将电子秤的数字清零。

第5步：用回形针裹住矿物样品。

第7步：用矿物样品在空气中称得的比较大的重量值W1除以空气中的重量值与水中的重量值的差值，即S=W1/（W1-W2），得到的就是矿物样品的比重值S。把算出的比重结果与www.mindat.org 数据库里的矿物比重值进行对比，看看你算得准不准。

第6步：将矿物样品放入水中悬浮。不要让样品触碰到杯壁或杯底。记录下此时的新重量W2。

 奇思妙想 ....

大一些的物体要怎么测量密度呢?

科学揭秘

矿物学家使用一串"钥匙"来对矿物进行鉴别和区分，"钥匙"指的是矿物的颜色、光泽、条痕、硬度、密度以及其他特性。野外地质学家以用手掂重量结合目测的方法来估算矿物的密度。你可以拿起一块石头掂一掂，放下，然后再掂一掂，能直观地感受到矿物大体的重量和密度。而在实验室里，你可以得到一个更为精确的数值，这样就可以与其他不同大小的岩石和矿物进行比较。了解密度很有用，因为每一个纯净的矿物样品应该具有一个特征密度。

密度是物质的重要物理特性之一，指一定的温度和压力下单位体积的某种物质的质量。理解密度的关键是计算一个标准单位体积的质量，如1立方厘米。问题在于，除非你测量的是立方体或矩形，否则很难使用数学方法算出体积。

测量体积的一种方法是把矿物样品放在装了水的量杯里，看看水位升高了多少。这就是所谓的"排水法"，但这需要大量的重复试验才能确保准确无误。当你的样品是非常小的矿物时，水位的差别很小，会难以辨别。本文实验中提到的实验方法测量出的是相对密度（比重），即纯净矿物在空气中的重量与同体积纯水重量之比。即使是小样品也同样适用。但是，不能用这种方法来测量能溶于水的矿物的密度。

传说中，希腊学者阿基米德（Archimedes）踏入一个装满水的浴缸时观察到水溢出的现象，由此发现了"排水法"，他运用这种方法来测定密度。

岩浆探秘

  我们已经了解了结晶状态下的矿物质，现在我们将探索地球是如何用矿物来创造出新岩石的。火成岩是以最剧烈的方式形成地壳的产物，通常以熔岩流和火山灰的状态呈现，由于岩浆是从地球内部涌出的，所以地质学家也将这种火成岩称为喷出岩。因此，喷出岩来自于地球内部。我们也将在后面的单元中探讨另外一种火成岩，即侵入岩，它是岩浆侵入地球内部其他岩层时，在地壳深处冷凝形成的。

  主要有三种类型的岩浆：玄武岩熔岩、安山质熔岩和流纹质熔岩。玄武岩熔岩可以流淌，形成覆盖数百英里的长流，或者能填满数百英尺深的沟壑峡谷。安山质熔岩通常能够堆积成山脉，例如南美洲的安第斯山脉。流纹质熔岩有时是爆发性的，能导致危险的火山爆发。这三种火山熔岩是组成地球的基础物质，但在现阶段，你只需要简单知道岩浆是种"火热且流动的岩石"即可。

  在以下这几个实验中，我们将更加仔细地观察火成岩，学习它的特性。

火 山 活 动

传统的火山实验包括小苏打和醋，但这不是一个真正的地质学实验，而是一个化学实验。在本次实验中，你将用一种较为传统的方法建造一座你自己的火山，还要让岩浆一股股喷涌而出。

实验材料

→ 底部有孔的小型纸花盆
→ 几瓶白胶（或彩色3D立体颜料）
→ 食用色素

安全提示

— 胶水不要弄入眼睛，也不要弄到头发和衣服上。
— 不要太用力挤胶水瓶，不然会遭遇一场真正的"喷发"。

实验步骤

第1步： 拿一个底部有洞的纸花盆作为火山山体的模型，把它摆在一块板子或硬纸片上。也可以使用其他材料作为山体模型，如形状相近的发泡塑料等。

第2步： 准备岩浆来源（白胶或3D立体颜料）。如果使用白胶，打开瓶子后先挤一点出来，然后在瓶内加入足量的食用色素，搅拌或摇匀。尽量让岩浆至少有三种不同的颜色，可以是写实的，如深棕色、黑色和灰色，也可以选择彩虹色。

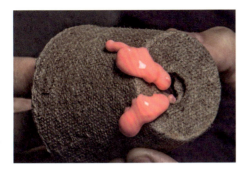

第3步： 轮流从纸花盆内，由锥体的底部孔隙处挤出岩浆状液体，让它沿着纸花盆外侧流下来，看起来就像真正的岩浆从火山侧翼流下来。在加入下一股颜料之前，花几分钟让前一股流下来的液体晾干，这样它们就不会混在一起了。

第4步： 按照上面的方法绕着纸花盆的底部孔隙重复操作，直到火山模型的山顶看起来被岩浆状液体满满覆盖住。火山模型上的岩浆状液体一开始看起来会有点乱，需引导这些液体从模型顶向下溢下去。

💡 奇思妙想 ·······················

1. 试试在其中一瓶胶水里添加一些水以增加其流动性。

2. 如果想要制作的火山模型看起来更真实，可以在开始前尝试在模型顶部添加塑性黏土或熟石膏，做个火山口造型出来。

科学揭秘

　　火山喷发是说明火成岩来源的最佳素材。如果你在互联网上搜索"火山喷发"，应该会查到1980年圣海伦斯火山（Mt. St. Helens）喷发的信息，这次喷发并没有产生太多的岩浆。相反，圣海伦斯火山喷发的时候伴随有巨大的火山灰云团，中间夹杂着的岩浆喷涌向上，迅速地与空气混合，导致无法形成热岩浆涡流。这种情况比我们想象的更频繁，这类爆裂性火山喷发是非常危险的。火山学家（研究火山的地质学家）称这种火山为层状火山（stratovolcanoes），它们的山顶通常都白雪皑皑，外形美观，非常引人注目。如日本的富士山（Mt. Fuji）和美国加利福尼亚的沙斯塔山（Mt. Shasta）。

　　通常，巨大的熔岩流一般出自所谓的盾状火山，比如夏威夷的火山。炽热的熔岩从这些火山中涌出，这种流动有时会持续数年，沿着地面缓慢移动，前进道路上的一切东西都会被烧尽。你知道世界各地的法律都禁止通过修建壕沟、墙壁或水坝来干扰熔岩流吗？

　　另一种能带来岩浆熔岩的火山叫做火山渣锥。火山喷发时会产生很多飞溅的火山灰和火山渣，堆积起来便形成火山渣锥。火山渣锥通常较小，可能出现在较大火山的斜坡上；往往集群出现，包含着成群的、大量的形态各异的小山峰和小渣锥。

实验 14

有趣的侵入岩

这个实验展示了花岗岩的上升过程。当岩浆无法冲破地层涌出地球表面时，它会缓慢冷却，形成侵入岩。我们将观察到侵入岩随着时间流逝慢慢抬升的现象。

实验材料

→ 1个广口玻璃瓶（约473毫升，玻璃水杯也可）

→ 1杯常温水（约235毫升）

→ 食用色素（可选）

→ $\frac{1}{4}$杯（约60毫升）植物油

→ 1勺盐（大块的粗质岩盐效果最好）

安全提示

— 避免盐进入眼睛。

— 小心碰倒瓶瓶罐罐。

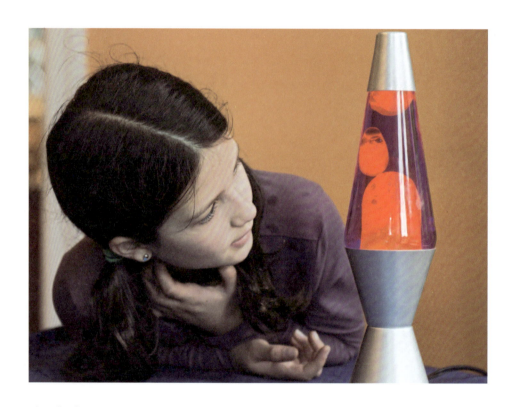

实验步骤

第1步：往瓶子里倒入1杯水（约235毫升）。

第2步：往瓶子里滴入5滴食用色素，搅拌。此过程可做可不做，但是色素能帮你更加清楚地看到过程。

第3步：往瓶子里加入植物油，油会漂浮在
水面上。

第4步：在这瓶混合溶液中撒上盐，盐会沉
到瓶底。

 ## 奇思妙想 ······················

1. 猜一猜，需要加入多少盐，这瓶混
   合溶液才会过饱和？回想一下我们
   做过的盐块实验。

2. 油种类的选择会影响实验结果吗？

科学揭秘

　　这个关于"熔岩灯*"的改编实验与原版的实验有
所不同。原版实验通过一个热源来融化蜡，同时伴随着
上升、冷却、下沉以及自体循环过程。这个实验的其
他版本会使用大量的油，还会用泡腾片取代盐。回忆一
下之前做过的"估测密度"实验（实验12，第40页），
你或许能猜出来，水的密度与植物油的密度有何不同：
多数食用油的密度为0.92 g/cm³左右，纯净水的密度为
1.0 g/cm³。由于较轻的液体会浮于较重的液体之上，所
以油会浮于水面。

　　当你加入盐时，盐在穿过油层的过程中携带了部分
油。这是因为油层的表面张力很高，所以它会裹在物质
表面，这就是你在盐穿过油层时所观察到的。一旦盐块
到达容器底部，它就开始溶解，同时释放它携带的油。
这些油会上升至水面，因此形成了有趣的气泡。

　　密度的差异同样是侵入熔岩在地壳中上升的作用
力。这些侵入熔岩只比包围着它们的物质的密度略低，
但温度却更高，因此能够缓慢抬升。有时侵入熔岩与周
围岩石的差异不够显著，所以热岩浆最终在恰好低于地
表面的地方变坚硬。在经历了数百万年的侵蚀后，或得
益于来自其底部的地壳运动不断推挤抬升，花岗岩最终
被抬升出地面形成山脉。

─────────────

*译者注：熔岩灯，一种灯具形状的实验器具，内有上下浮动的着
　色液体物质，与火山熔岩侵入现象相似。

制作岩浆蛋糕

这个实验将模拟岩浆流的冷却过程。

实验材料

→ 半杯（约112克）黄油

→ 1包半甜的烘焙用巧克力

→ 1杯（约125克）砂糖

→ 2个生蛋黄（可能需要他人帮助）

→ 2个完整的生鸡蛋

→ 面粉（约47克）

→ 半杯（约30克）解冻的、用于放在
　甜点顶上的生奶油（或冰淇淋）

→ 微波炉

→ 烤箱

→ 4个纸杯蛋糕模具

→ 烤盘

→ 中号碗

→ 勺子

→ 小刀

→ 小碟子

实验步骤

第1步：将烤箱预热至220℃。

第2步：在4个模具杯里抹上少许黄油，不要
　　　　把黄油全部用完，然后将模具杯置
　　　　于烤盘上。

第3步：将巧克力和剩下的黄油放在中号
　　　　的碗里，然后放入微波炉加热1分

钟，或者加热至黄油融化。加入砂糖、生蛋黄和生鸡蛋，搅拌至充分混合。

第4步：加入面粉，充分混合。

第5步：用勺子将此糊状物装入模具杯。

第6步：放入烤箱，烘焙13-14分钟，直至蛋糕的边缘变硬。将其取出，晾干1分钟。

第7步：用小刀在蛋糕边缘切割，将其与模具杯分离，再分别放到不同的盘子里。许多类似配方都要求将蛋糕倒扣，但在这个实验中，并不需要倒扣，也不要在上面撒更多的糖。趁蛋糕还热时，移除部分顶部，放点生奶油在顶部。这与自然界里火山岩浆流涌出时，顶部冷却成岩石的情形相似。

 安全提示

— 烤箱高温，需注意安全。

— 使用烤箱时需有成年人帮助。

— 这个实验方法用到微波炉和烤箱而非火炉，但仍需小心高温，尤其是避免被食物表面烫伤。

— 请勿在蛋糕刚出烤箱时立即吮吸蛋糕中心的奶油"岩浆"，以免烫伤舌头。

 奇思妙想 ·············

热蛋糕顶上的奶油经过一段时间，就会像真正的岩浆流一样流下来，这时蛋糕会变得又酥又脆。

科学揭秘

实验里的"岩浆蛋糕"模拟了自然界的岩浆流，解释了岩浆危险的原因——虽然顶部可能看起来坚硬但中间依然是炽热的液体。世界各地都发生过因为游客太靠近岩浆流，导致脆弱的岩层外壳在他们脚下裂开而造成致命后果的事件。

如果你做的蛋糕顶部酥脆，就会发现它的颜色和质地与蛋糕内部有些许不同。这是因为蛋糕顶部已经被烤糊。自然界里这种岩浆流顶部的酥脆物质，地质学术语

称为"火山渣"（scoria）。它通常布满小孔，在有些岩浆流中，甚至可能会含有细小的长石结晶体。

火山渣不同于浮石（pumice），浮石是一种我们已经了解过的火山岩。浮石密度低，能漂浮在水面上，而火山渣则会下沉。

熔岩蛋糕与蛋奶酥类似，在冷却后会坍塌。关于后者我们将在下一个实验"火山坍塌"中详细解释。

火山坍塌

有些火山的爆发主要表现为喷发出大量火山灰，覆盖住四周的地面。随后，它们坍塌形成火山口——一种大型的环状坑口。在这个实验中，你将通过制作蛋奶酥来模拟火山喷发口。

实验材料

→ 脱脂去钠的浓缩奶油蘑菇汤（约318毫升，未掺水稀释）
→ 1杯（约115克）切片的脱脂切达干酪
→ 电动搅拌器
→ 3个生鸡蛋，将蛋黄与蛋清分开盛放
→ 3份额外的蛋清（加上之前分离出的3份蛋清，总共有6份蛋清）
→ 直边烤盆（2升）
→ 喷油瓶
→ 1匙细碎的干面包屑
→ 煮锅
→ 烤箱

安全提示

— 日常厨房安全防护很必要，远离火炉和烤箱，避免烫伤。
— 使用火炉和烤箱时，需有成年人的帮助。

实验步骤

第1步： 将蘑菇汤和干酪倒入锅里混合，低温加热并搅拌至干酪融化，再将其冷却。

第2步： 在碗中搅拌3份蛋黄至其变成柠檬黄色，再倒入蘑菇汤混合物里一起搅拌。另取一只碗，汇总6份蛋清，快

速搅拌直至蛋清发泡，再将其倒入蘑菇汤混合物中。

第3步： 在1个2升大小的烤盆壁上喷上油雾，往烤盆内舀入蘑菇汤混合物，再撒上面包屑。不要盖上盖，放入烤箱中。在190℃高温下烘烤40-45分钟，或烘烤至蛋奶酥膨胀并变成金色。将其取出烤箱时，仔细观察：蛋奶酥开始冷却后便会逐渐塌陷下去。

💡 **奇思妙想** ⋯⋯⋯⋯⋯⋯

一些厨师会用塔塔粉、糖和蛋清粉来使蘑菇汤混合物变得更为浓稠，同时避免蛋奶酥塌陷。

科学揭秘

事实上，几乎所有的蛋奶酥都会凹陷，有时仅仅在刚拿出烤箱几秒钟内就会坍塌。在搅拌蛋清时，空气会被困在蛋清泡沫里，形成小气泡；在烘焙过程中，蛋奶酥里的空气膨胀，致使蛋奶酥本身也急剧膨胀；当蛋奶酥冷却，里面的空气收缩，蛋奶酥就会塌陷。但是这个现象对于实验来说是很好的，因为这正是我们想要看到的结果。当你观察到一缕蒸汽飘起，而这个蛋奶酥的外壳结构开始凹陷，你就成功模拟出了一座巨大的火山在膨胀后坍塌的情形。这两者唯一的不同就在于超级火山释放的不是一缕无害的水蒸气，而是漫天飘散的火山灰。

破火山口（calderas）通常一片狼藉。例如美国黄石国家公园里那座火山口，它宽48公里、长72公里。地质学家们认为，它起源于64万年前的一次火山爆发，喷出的大量火山灰甚至随气流环绕了地球一圈，并在美国中西部的部分地区产生了数英尺厚度的堆积覆盖。

超级火山喷发可能是地球上最危险的地质现象之一，因为它喷发出的火山灰要比普通火山爆发多得多。生活在夏威夷的人们已经学会了如何在火山岩浆流的威胁下生活，那里的岩浆流每日都会移动几英尺，沿着可预见的路径慢慢翻涌下山。另一方面，巨大且高温的火山灰云团足以覆盖整个国家，甚至是整个大陆，它会毁坏汽车发动机、污染水源、导致家畜死亡、覆盖农场和牧场，还会遮蔽阳光。

可可地壳

可可除了在寒冷冬日用作可口的热饮以外，还能帮我们制作地壳运动的模型，让我们观察地球内部的热量是如何驱动地壳运动的。

实验材料

→ 多脂奶油（约946毫升）
→ 中号锅
→ 1杯（约86克）可可粉

安全提示

— 使用火炉需小心，避免烫伤。
— 使用火炉时，需有成年人的帮助。

实验步骤

第1步：将多脂奶油倒入中号锅中。

第2步：在奶油上方覆盖一层可可粉，越厚越好——接近6毫米厚。贴近锅壁的边缘部分需要稍微厚一点。这样，就制作完成了一块"超级大陆"的模型。

第3步：打开加热开关，慢慢加热奶油至沸腾。

第4步：随着温度上升，观察裂缝是在哪个位置形成的，发挥你的想象力，设想自己站在一块这样开裂的地壳上，会经历多少地震。你能猜到哪条裂缝会变得最大吗？

第5步：继续加热，千万不要搅拌。在实验结束时，会仅存一块"小岛"一样的"地壳"。

第6步：不要浪费原料！可以加入一点糖来制作成热巧克力。

 奇思妙想 ⋯⋯⋯⋯⋯

1. 如果你的可可粉覆盖层有1厘米厚，会发生什么？那如果用速溶热巧克力粉代替会发生什么？

2. 如果用牛奶代替奶油，会发生什么？

科学揭秘

我们地球内部的温度极高——地核部分可能超过5000℃，地幔在1600-3700℃之间。由于高温高压，地幔内的岩石并不具备岩石的形态，它们更像塑胶状或牙膏状。然而，地核的热力必须要向外传递，科学家们认为这些热以热流的形式在地幔中旋转环绕传递，就像火炉的热气推着奶油移动一样。

当温度升高，奶油里的热流刮蹭着类似于地壳的巧克力覆盖层，最后，就能看到裂缝开始形成。无论何处，只要外壳变薄，沸腾的奶油就找到了薄弱点。最终，你也许会发现，在热力的作用下，"板块"开始形成并移动。在地球表面，有几处裂谷带，这里的岩石彼此分离。这些裂谷带是地壳扩张板块离散的边界或者地带。你也应该会观察到形成三条薄弱地带的"三向连接构造"，并且最终，奶油会从弱连接处喷薄而出。可以想象，如果可可覆盖层足够坚硬，能让奶油积压堆积，这时就会形成一个小小的盾形火山。

大陆漂移说，也被称作板块构造说，是由阿尔弗雷德·瓦格纳博士（Dr. Alfred Wegener）在1912年首次提出的，但直到20世纪60年代才被世人接受。

超级沉积物

虽然火成岩能以一种壮观的方式形成，但覆盖着大部分地壳的却是沉积岩。沉积岩，因细碎的小石块和泥土——也就是沉积物从水里沉淀下来并堆积强化而得名，沉积物所在的水源包括巨大的淡水湖泊、长而曲折的河流、深海中迁移性的海湾、泻湖和海峡等。

有时，水是浑浊的，多年后，淤泥可能一层又一层地在某个海湾沉淀，经过漫长的岁月，沉积形成的泥岩甚至可以达到几千英尺或几千米深。又或者是一条河流汇入海中，携带了大量的沙土和小粒岩石，形成砂岩。在另外的地方，水体中可能会有大量的石灰石（化学成分为碳酸钙）流入，直到水体溶液饱和到不能溶解更多的化学物质。从那个阶段开始，石灰岩可能就会开始形成。

在这个单元中，我们将了解沉积岩是如何形成的，并研究一些特殊形式的沉积岩。

实验 18

玩泥巴的乐趣

它可能看起来像脏水，但你会惊讶地发现水中竟有这么多悬浮颗粒。

实验材料

→ 从花园中挖出约1升土壤（不要使用商店买来的盆栽土壤）
→ 桶和铲子
→ 实验日志和笔（钢笔或铅笔）
→ 重量秤（可选）
→ 带盖子的大口径广口瓶
→ 水（约946毫升）
→ 长棍（或专用的油漆搅拌器，可选）
→ 筛网（或过滤器，可选）
→ 一套碗（可选）

安全提示

— 避免流体溢出泄漏。
— 挖掘土壤样品时要小心，挖掘前要先获得同意许可。

实验步骤

第1步： 收集土壤样品，用实验日志把实验记录下来：你做了什么，看到了什么颜色，土壤挖出来的难度等。称样品的重量时，可以先称出空桶的重量，然后再称出装了土的桶的重量，从而得出土壤样品有多重。

第2步： 把收集到的土壤装进瓶子，大概装到瓶子一半。

第3步：将水添加至瓶口的位置，然后盖上盖子。

第4步：摇动瓶子来晃碎瓶中的土块。也可以把盖子取下来，借助一根长棍子捣碎土块（就是那种用来搅拌油漆的长木棍）。

第5步：把盖子盖回去，再摇一下，然后将瓶子静置一夜。第二天记录下所看到的东西。瓶子里面的泥浆沉淀下来后变成什么样了？

奇思妙想

1. 如果有一套筛眼大小不同的筛子，可以将土壤样品倒入桶中用筛子进行分离。将树枝、树叶和其他有机物放在容器里（如一套大小不同的碗），把筛出来的大颗粒石头放在另一个容器里。然后把剩下的沙子和黏土进行称重，计算出它们在收集到的土壤样品中的比率。

2. 使用来自其他地方的土壤样品，再次尝试本实验。

3. 记住实验"制作砖块"（实验49）中的小技巧，并保存一些土壤样品，以后做实验"让沉淀物沉积下来"（实验19）时会用到。

科学揭秘

土壤类型取决于土壤中沙子、黏土有机物质的含量比例。而土壤科学家通常不会使用"泥土"这个词，他们要么使用"土壤"，要么使用更精确的术语，如砂质壤土和冲积壤土等。通过分析每种土壤中主要组成成分的含量，科学家们可以告诉园丁和农民如何针对土地的不同特点来施用合适的肥料。基于对淤泥—沙子—黏土不同组分比例分析而产生的三角模型是科学家们的一种简单工具。

你的土壤样品里有没有找到很多大颗粒石块？原本是有机会找到的，但是结果却没有，因为园丁喜欢清理掉大石块。那，沙子呢？你的土壤样品中是否存在很多沙子？通常，你可以用筛子把沙粒分成细、很细、粗、很粗几类。测量沙子的大小通常需要用上许多专业的筛子，如果你是个土壤方面的科学家，那么懂得这些操作就非常重要了。

世界上第一个沉积物粒度分类标准由美国沉积科学家乌登（J.A.Udden）提出，1922年，文特沃斯（C.K.Wentworth）对这个标准进行了改编并发表。

沉积物尺寸分类表	
类型	**尺寸**
黏土	0.0001-0.002毫米
淤泥	0.002-0.05毫米
沙子	0.05-2毫米
石粒	2-4毫米
小圆石	4-64毫米
鹅卵石	64-256毫米
巨砾	256毫米以上

让沉淀物沉积下来

这个实验将展示淤泥和黏土如何在水中沉淀下来，直至水再次变得清澈。

实验材料

→ 土壤样品（如果还有上一个实验的土壤样品，可以继续使用它们）

→ 3个大号的广口瓶

→ 水

→ 筛子（可选）

→ 硬币

→ 实验日志和笔（钢笔或铅笔）

→ 勺子

安全提示

— 不要弄得一团糟哦！

第2步：将第一个瓶子里的泥浆水倒入第二个瓶子里。如果有人有专业的过滤器，那就可以轻松地把第一个瓶子里的大颗粒的沙子和石块挡在瓶外了。

实验步骤

第1步：如果还有实验18采集的土壤样品，你可以在这个实验中继续使用。或者可以再找一份土壤样品，把它倒入第一个瓶子中，占一半，再向瓶中倒入水至瓶口。

第3步：在第三个瓶内放入一枚硬币，并倒入第二个瓶子的"脏泥浆水"样品，直到水量接近瓶子顶部。拿开盖子，让其蒸发。

第4步：记录下你所观察到的，水是什么颜色的？能看到硬币吗？

第5步：在接下来的几个小时、几天内，记录下更多的观察结果。可以借助相机来记录下每一步。如果仍然能看到硬币，可以准备另一种"脏泥浆水"样品，将其慢慢倒入瓶中；尽量不要破坏已经沉淀下来的沉积物。可以借助勺子，将它放在瓶子里的水面上方，将水沿着勺子背面，缓缓地倒入泥浆水中。

 奇思妙想 ⋯⋯⋯⋯⋯

1. 通过一块贝壳化石来演示沉积作用是如何辅助形成化石的。

2. 水需要多少天才能再次完全清澈呢？硬币是否被淤泥覆盖住看不见了呢？

3. 实验样品完全干燥后，你可以扮作化石专家，从干泥中挖出化石。

科学揭秘

就像我们在这个实验中所看到的，沉淀现象发生在世界各地的许多海湾和潟湖中。并且，主要会产生三种类型的沉积物：

- 碎屑沉积物：岩石和矿物碎片组成，主要是沙土和淤泥。

- 化学作用产生的沉积物：不同种类的矿物悬浮在饱和溶液中，然后慢慢沉淀下来，就像在盐方块实验中，当海水处于过饱和状态，不能再溶解更多的盐分，其余的盐就会以结晶的形式沉淀在盆底。

- 生物化学作用产生的沉积物：许多海洋生物会长出贝壳来保护自己。当它们死亡时，它们的壳沉入海底，形成碳酸钙泥层，这是最常见的由生化作用产生的岩石。

由于地球表面的70%被水覆盖，仅仅由沉入水底的沉积物而形成的沉积岩就很多。随着时间的推移，这些砂浆和淤泥堆积起来，沉积物上方的水由于重力作用，会把它们压紧。在内海中，可能会有经过数百万年堆积形成的数千英尺深的沉积岩，然后由于地震可能会将水排出，就只留下已经硬化的泥岩。在其他情况下，由于地壳板块的移动，曾经处于海底的土地会抬升成为陆地表面。在某个时刻，所有这些海底沉积物将会被留在地表并变得干燥。开动脑筋，你能想出任何其他的方法，让沉淀在海底的沉积物变成山脉吗？

叠层的午餐

使用花生酱三明治来做钻探样品吧！

实验材料

→ 花生酱（如果对花生制品过敏，可以替换为其他的果仁酱，如杏仁酱等）

→ 草莓酱

→ 橘子酱

→ 葡萄果冻

→ 4片白色切片面包

→ 4片全麦切片面包

→ 厨刀

→ 实验日志和笔（钢笔或铅笔）

→ 大而通畅的大直径吸管

→ 筷子

→ 盘子

安全提示

— 使用刀具时需小心。

实验步骤

第1步： 以2片切片面包夹心果酱的方式制作4个三明治，其中3个需要加入大量的果酱，第4个三明治里只加花生酱。爸爸妈妈可能会抱怨你过多地使用了家里的果酱或果冻，但没关系——这是为了科学！

第2步： 把三明治的最外侧面包皮切掉。可能你总是被要求吃掉面包皮，但是这次切掉它们是可以的。

盘子或砧板上，以便观察到三明治"岩芯"各层的侧面。

第3步：将4个三明治方块整齐地堆叠在一起，可以在实验日志上记下叠放三明治的上下顺序。

第4步：使用大直径吸管，在三明治上"钻"一个洞穿过各层，像钻孔机一样旋转就能保证穿透所有层。可能需要把三明治放在盘子上进行操作，让

钻出的三明治"岩芯"尽可能干净。如果你有一根大吸管，可以多做几次，但是不要堵住吸管，因为这样可能很难将三明治"岩芯"样品取出来。

第5步：使用筷子把三明治"岩芯"样品从吸管里轻轻地推出来，将其侧放在

 奇思妙想 ·················

1. 如果吸管没能制作出完整的三明治"岩芯"样品，请尝试使用不同尺寸和材质的吸管，如纸质吸管。

2. 试用不同类型的面包，或试着烘烤面包，看看对钻探是否有帮助。

科学揭秘

为了寻找地壳中的石油和天然气，地质学家们依靠钻头来钻孔，并按照正确的顺序来记录不同层位的岩芯样品。沉积岩通常比较容易钻出孔，因此这些钻头在沉积岩中钻探的效果最好。但钻头非常强大，也可以钻通火成岩或变质岩。能找到石油和天然气的最好地层通常是沉积岩层，它们有时是多孔的，能够在孔隙之间保存石油。

在其他地区，地质学家正在寻找类似于穹顶结构等容易形成石油和天然气的地质构造。他们如果发现一层会阻断液体流过较软的岩石层的硬岩层，就会试着画出一幅图来显示穹顶结构的大小和探究可以下手的地方。

有时地质学家会发现不平坦的地层。我们已经知道，当岩石沉积下来变成泥岩时，它们首先会变得平坦。当钻芯显示岩层倾斜时，代表下面可能有断层。断层是形成石油和天然气的另一种有用的构造，因为较软的岩石位于较硬的岩石旁边，会阻挡液体的流动。

地质学家通过钻探能了解到很多地下岩层的构造。在20世纪70年代，俄罗斯（前苏联）科学家开始钻探地球最深处——科拉超深钻孔——超过12.5公里，他们为此花费了24年的时间。

美味的砾岩

用最喜欢的食材来做沉积岩形状的食物吧。这是一个成团状的砾岩形式的食物——由许多小点状和小片状的食材聚集，全部粘在一起。

实验材料

→ 搅拌碗
→ 2杯（约312克）燕麦
→ 1杯（约25克）疏松的谷类米糊（如米花糖等）
→ 半杯（约50克）椒盐脆饼，切碎
→ 小巧的糖果外壳巧克力（如M&M品牌的巧克力豆，约42克）
→ 中号锅
→ 黄油（约55克）
→ 蜂蜜（约85克）
→ 花生酱（约65克）
→ 红糖（约60克）
→ 木勺（或橡胶刮刀）
→ 1匙（约5毫升）香草精
→ 烤盘
→ 烘焙油纸

安全提示

— 使用玻璃搅拌碗时需小心。
— 使用炉子需有成年人的帮助。

实验步骤

第1步：把燕麦、泡米、椒盐脆饼和迷你糖果放入一个大碗里混合到一起。请注意，成分列表可以根据你的喜好来进行更改——你可以替换成腰果、葡萄干、巧克力屑、大糖果等，只要保持相同的比例即可。这

种调好的混合物将是你的"碎屑岩"状食物。

第2步： 在一个中号锅内，为团状美食融"胶"。加入黄油、蜂蜜、花生酱和红糖，煮沸。不断搅拌来避免粘锅。再换成小火，煨三分钟，继续搅拌。趁着还热时取出并加入香草。

第3步： 将做好的"胶"或基质添加到大搅拌碗中，与"碎屑岩"状食物搅拌在一起，直至搅拌均匀。

第4步： 将油纸放到烤盘上，倒入混合物。用木勺（或橡胶刮刀）把它铺平，此时，可以添加更多的糖果、葡萄干、坚果等，要么洒在上面，要么轻轻推入。

第5步： 放入冰箱约10分钟，然后取出并切成正方形或长方形。最后请享用吧！

 奇思妙想 ·····················

如果放入过多的糖果，还能产生预想的效果吗？

科学揭秘

　　砾岩是常见的沉积岩，通常由各种大小的圆形卵石组成，但直径至少都是2毫米，否则就只是粗砂岩。有时砾岩会被坚硬的、富含石灰质的脉石材料胶结在一起，很难分开，但有时候它们会比那些脉石更像碎屑岩，很容易碎裂。

　　移动大块岩石需要非常强大的水流条件，因此砾岩中岩石的尺寸大小能告诉地质学家一些关于该砾岩形成地区的信息。如果鹅卵石和卵石没有被严重侵蚀，它们仍然会有尖锐棱角，这样的砾岩被称为角砾岩。这通常意味着这种砾岩没有被冲得很远，也就是其所在位置的水动力不是很强。

　　挖黄金的矿工们经常不得不敲开砾岩来淘洗出黄金。一般来说，溪流中的岩石越大，里面的黄金重量也会越大。在盛产黄金的地方，发现大块的砾岩往往是一个好的信号！

主要的变质岩

　　之前我们学习了新岩石形成的两种方式：通过火（火成岩）和通过水（沉积岩）。然而还有第三种类型的岩石：变质岩。这种岩石最初也是火成岩或沉积岩，但是在地球深处的温度压力下，像"烹饪"般的经历使它们发生了转变，有时这种转变是以有趣并且意义深远的方式进行的。

　　在世界各地的金矿深处，矿工们越往低处挖，所处的环境就会越热。我们可以想象一块矿物晶体埋藏在地底下32公里的地方，上面有着重重岩石的重压以及升温到比披萨炉还热的环境，这是怎样的一番景象。我们知道，在那样的环境下，矿物晶体不只是会扭曲变形，还会发生化学性质的变化。在本书的实验1中，我们看到矿物晶体在合适的温度和充足的成矿溶液补给的环境下会缓慢结晶长大，如果在这个有着多重要素混合的环境中再增加压力的作用，情况会变得更加有趣。

实验 22

布丁漩涡

变质岩表面常常出现漩涡纹路。这个实验将展示这种纹路的一种形成方式。

实验材料

→ 4种不同颜色的布丁粉原料（或2个原味布丁粉原料与4种不同的食用色素进行混合，不要使用已经做好的布丁）
→ 4个搅拌碗（有螺纹杯口的更好）
→ 大号圆盘
→ 圆转台
→ 勺子

安全提示

— 轻拿轻放玻璃制品，注意别打碎了哦！

实验步骤

第1步：在搅拌碗中，根据使用说明倒入制作好的布丁液。需要4种颜色（口味）黑巧克力味、普通巧克力味、奶油硬糖味和香草味。如果没有4种不同口味的布丁，可以使用2份原味的布丁液然后添加不同的食物色素，以获得不同颜色的布丁液。

第2步：从相反的两个角落，向圆盘内迅速倒入两种不同颜色的布丁液。让它们接触后互相混合。

第3步：然后立刻从之前倾倒布丁液之外的两个角落，分别加入两股新的不同颜色的布丁液。慢慢地倒，这

样新的布丁液就会接触到之前的布丁液。

第4步： 只要还有布丁液，就重复之前的步骤，但是整个过程不要超过5分钟，因为布丁液在5分钟后会慢慢凝固。试着让不同的布丁液在盘子里产生完整、漂亮、对比清晰的颜色交界线。

第5步： 把盘子放在圆转台上。在布丁凝固成形之前，推一把圆转台，快速地让它往一边转起来，然后再猛地一扯让它停住。

第6步： 一会儿后，布丁就会凝固，再转动圆转台的时候也就不会看到变化了。此时可以用勺子或小棍在盘子

上进行搅拌，制作出更多的漩涡状气孔。最后，把布丁吃掉吧！

 奇思妙想 ....

突然对布丁液所在的盘子施加很大的力，会产生什么效果？

科学揭秘

像片岩和片麻岩这样的变质岩，形成的过程常常与我们刚才用布丁制作出漩涡纹路的情况相似。这种岩石的纹路通常来自于其变质之前的沉积岩原岩的岩层，因原岩被地球地壳的力量加热和加压而变质形成。同时地震也常常扮演着施加力量的角色，因此变质岩中的漩涡纹路和褶皱有着各种形状和大小尺寸。当你快速摇动手上的岩石时，就做了类似于地震的工作，只不过施加在岩石上的力度太小了。

如果继续进行这个实验，在某个时间点，布丁上的漩涡纹路会开始混在一起，变得面目全非。地质学家认为地球地幔中的岩石非常热，其存在状态可能像布丁或熔化的塑料，随着热和压力的持续施加，岩石的外观会彻底变样。在之前的实验17（第52页）中，我们学过热量如何以对流的形式通过地幔传递，这样的对流也可以使熔化的岩石形成漩涡纹路。对于地幔中的岩石，我们还存在许多未知，但是这个实验提供了一场美味的学习过程。

像蛇一样弯曲的片岩

如果沉积岩在沉积形成的时候，基本上是平的，那么后来它们是如何变得波涛起伏的呢？

实验材料

→ 4片黄色切达干酪（室温状态）
→ 4片白色切达干酪（室温状态）

安全提示

— 平时不要把干酪弄得到处都是，但是在这个实验中，允许玩食物。

实验步骤

第1步： 把切达干酪从冰箱里拿出来。取5片，以颜色交替的顺序整齐地叠放起来。握住两端稍微向下弯折，使得中间部分拱起，这就是背斜（地质学术语anticline）。如果两边凸起中间凹下，这就是向斜（地质学术语syncline）。

第2步： 再把5片干酪分开，取黄—白—黄3

片整齐地摞放好。在另外白—黄两片上加一片新的黄色切片，制成第二个黄—白—黄叠层，放入冰箱。

第3步：保持黄—白—黄干酪叠层的边缘平直整齐，这样施加压力的时候就能慢慢地形成褶皱。在所有的边缘施力向中间挤压，每次只挤压一点点，不要太快。这时，你会看到高地在中间形成。继续试验，看看在不折断干酪叠层的情况下能把它褶皱弯曲到什么程度。

第4步：从冰箱取出第二摞黄—白—黄干酪，立即重复刚才的褶皱实验。别让干酪因为太热而开始融化了。

第5步：用实验做完后的干酪做三明治吃吧。烤制干酪会把干酪从"沉积岩"变成"变质岩"哦!

1. 用温度计记录干酪样品的实际温度。

2. 如果在弯折干酪之前，在它们的每一层之间撒上蛋黄酱，会出现什么现象?

3. 试着冷冻干酪，再取单片折叠。这就像有些岩石很脆，它们无法形成褶皱，只会断裂。

科学揭秘

当层层叠叠的岩石被深埋地下时，它们不再是我们能看到的坚硬石头，而是开始变得像融化的奶酪一样。通过实验可以看到，若热量充足，制作褶皱会容易得多，因为奶酪加热变软后更容易弯曲。随着热量增加，几乎可以像拉手风琴一样弯折奶酪层。

做完上面的实验，你应该能比较容易理解了，不仅是像我们的奶酪样品一样大小的岩石被加热挤压后会发生这样的情况，巨大的板状岩石受热后被挤压也会发生同样的情况。地质学家可以通过他们发现的矿物来判断，岩石经历了什么样的温压环境。如果岩石承受到更多的热量和压力，它就会变成板岩——一种常见的变质岩。它也有可能最初是以泥岩的形态存在，但在变成板岩这个阶段时几乎没有发生什么明显的质变。下一步会变质成千枚岩、片岩。最后，会变成片麻岩，那是一种非常坚硬的岩石。

随着热量和压力的增加

泥浆 ⟶ 泥岩 ⟶ 板岩 ⟶ 千枚岩 ⟶ 片岩 ⟶ 片麻岩

巧克力岩石循环

利用巧克力来学习岩石循环圈中的所有不同形式吧!

实验材料

→ 黑巧克力
→ 厨房刨丝器
→ 铝箔纸
→ 煮锅
→ 2杯(475毫升)水
→ 4-5个纸质杯形蛋糕托
→ 块状或片状的白巧克力
→ 巧克力糖浆(可选)

安全提示

— 在热炉子旁边活动要小心。
— 用炉子时一定要有成年人的帮忙。
— 碾碎巧克力时不要弄伤手指。

实验步骤

第1步:开始制作一些巧克力"沉积岩"。拿一大块或一大片暗色巧克力,可以把它们想象为冷却的"变质岩石"。用厨房刨丝器磨成巧克力粉(约44克)。这就像侵蚀作用的影响,干沙或泥是形成沉积岩的基础。

第4步：冷却后，把巧克力掰成碎片，这就像山脉因侵蚀而破裂的过程。从白巧克力块上刨一些小刨花，撒入之前的碎巧克力中，如果愿意的话，再加几块小巧克力片。还可以加点巧克力糖浆。

第5步：把不同类型的巧克力混合物"岩石"放在一块正方形的铝箔纸上，大约20厘米×20厘米。把铝箔纸对折几次，直到里面的巧克力被完全包进去。也可以使用结实的可密封塑料袋包裹巧克力。

第2步：用铝箔纸制作一艘小的船，然后把巧克力粉末放进去。把小船放在装了水的锅里，用小火加热，直到巧克力粉末融化成液体，就像"熔岩"一样。现在我们得到了一块类似于"火山成因"的巧克力。

第6步：把铝箔纸放在一个平面上，用力推，但不要使用太大的力，否则可能会挤破铝箔纸。需要使用足够的压力把巧克力颗粒聚集起来，就像产生变质岩所需的能量一样。如果用橡胶锤（或擀面杖）轻轻敲击，也能起到类似的作用。

第3步：将热的液体熔岩状巧克力倒入纸质蛋糕托里，让它冷却。

第7步：小心地打开铝箔纸检查结果。应该能看到一块"片岩"巧克力，通过施加一点压力和一些通过摩擦产生的热量，可以使巧克力颗粒再次压缩成一块"变质岩"巧克力。

💡 **奇思妙想** ⋯⋯⋯⋯⋯

在得到"变质岩"巧克力之后，要做什么才能重新开始模拟各种岩性状态循环？

科学揭秘

恭喜！你刚刚完成了一个三种主要岩石类型的完整循环。我们现在还没法确定岩石的循环是从哪个阶段开始的，所以我们随意地从变质岩开始，然后对它施加侵蚀作用。接下来，我们融化了沉积岩，并且制作了巧克力"熔岩"，然后我们模拟了变质岩形成的过程，变质作用般把它们捣成糊。如果你的混合物足够硬，可以重新开始循环，把它重新磨碎变成细粉。

地球在循环回收利用岩石方面可是一个伟大的专家。这就是在地壳中发生的情况：各种岩石都在经历从一种形态到另一种形态的旅程。我们常说地球的地质运动变迁活跃，那是因为岩石的旅程一直在进行。

破碎岩石

我们已经了解了三大岩石种类的不同形成方式：火成岩、沉积岩和变质岩，现在让我们看一下如何将它们分解。地表的每一块岩石、每一段峭壁每天都面临着巨大的挑战，来自太阳、空气、水、植物以及重力的挑战。

地球上的岩石循环可能会让你始料未及，但实际上确实如此。峭壁发生山崩的几秒内，空气中的氧气就开始寻找可以接触到的矿物发生氧化反应。风会吹动轻的矿物，太阳会发出热量和紫外线。久而久之，甚至植物也参与其中，利用种子寻找裂缝并在其中发芽生长。在本单元的实验中，我们将了解地球是如何使岩石循环的。

科学家用术语——熵（entropy）来衡量物质分解的速度。万物最终都会分解并消失，山峰会上升下降，动植物会生长消亡。有的过程转瞬即逝，有的却缓慢不已，肉眼几乎不可察觉。在下面这些实验中，你将会了解岩石分解为什么是不可避免的。

实验 **25**

寻找断层

用木块来模拟地质断层，同时了解断层所带来的一些危害吧！

实验材料

→ 2小块矩形木条（打磨光滑无木刺）
→ 砂纸（任意粗细皆可）
→ 订书机
→ 记号笔

安全提示

— 在使用木头做实验的时候，注意木刺或碎屑，不要受伤。

实验步骤

第1步：检查木条的边缘和转角处是否平滑。如果太粗糙了，就打磨一下边边角角。

第2步：在木条的一面钉上一块砂纸，这样就可以使它们相互摩擦。最好是选择较宽的那面，用订书钉固定砂纸。

第3步：用记号笔标记木条的中间位置，画一条横穿木条的线。

第4步：让两块木条木头的一面（没有砂纸的面）贴紧。把它们相互摩擦6~7次，然后用手指摸摸刚才摩擦过的木头表面，应该变得有一点热了。这个过程展示了木头仅仅摩擦几厘米就能产生热量。

第5步：将两块木条上各自钉了砂纸的一侧相互接触，并重复第4步。应该能听到刮擦声。把木条分开时，能看到从砂纸上落下来的沙砾。这个过程展示了地震是如何破坏岩石的。

第6步：将两块木条的光滑面紧贴在一起，固定住其中一块，把另一块向左边移动几厘米，这就叫做左侧断层。如果把不固定的木条向右移动，就又做了一个右侧断层。这两个断层都属于"正常断层"。

第7步：把两块木条叠放在一起，拿住它们的一端使之站立，往一边倾斜45度。把一块木条推高约5厘米。地

质学上把这种断层叫做逆冲断层（thrust fault）。现在看到的木条边缘叫做断层上盘（hanging wall）。

 奇思妙想 ·····················

如果用两块没有钉砂纸的木头放在一起互相摩擦，会把木头擦亮点吗？在野外，这种情况叫做岩石光滑面或镜岩，在这个地方，通常能很容易地找到断层。

科学揭秘

　　我们脚下的岩石的构造随着时间的推移而变化，因为地球的地壳总是在移动。构造地质学家会从三个维度看地球，他们深知如何绘制断层图。当岩石与旁边相互接触的岩石发生位移的时候，虽然正断层的表面常常也有意思，但逆断层则更为引人注目，因为一块岩石会压过另一块岩石。在极端情况下，断层可能极不寻常，以致岩石完全翻转，直到老岩层最终覆盖在较年轻的岩层上。

　　在地壳中，巨大的构造碎片相互撞击必定会产生一些后果。如果它们互相移动，就像加利福尼亚的圣安德烈亚斯断层（San Andreas Fault）一样，沿着这样一条正断层的移动可以很容易地进行测量和预测。美国地质调查局（U.S. Geological Survey）的科学家测量出圣安德烈亚斯断层每年移动约1.6厘米。如果断层总是移动相同的距离，那便相安无事，但是在一些大地震中，断层地表的岩石会先移动数英尺，然后在几年内又复于平静，而地震是很难预测的。

阳光曝晒

观察阳光是如何使图片褪色，让图片看起来老旧的。如果岩壁天天被阳光曝晒，将会发生什么呢？

实验材料

→ 遮光胶带

→ 不同形状和大小的饼干模具（也可以用树叶代替，但是需要在背面贴上胶带以作固定）

→ 几种不同类型的纸张，如报纸、杂志内页、普通印刷纸等（如果能够找到感光材料纸，效果最好，但是这种纸张并不易获取）

→ 实验日志和笔（钢笔或铅笔）

安全提示

— 避免在阳光下长时间曝晒，注意防晒（即使在多云的天气里）。

— 小心灼热的物体表面，避免烫伤。

实验步骤

第1步：用胶带将饼干模具完全包裹。

第2步：将准备好的不同纸张置于户外，随后将饼干模具放在上面，调整位置，使纸张的大量空白处依旧暴露在阳光下。如果天气多风，可以在室内的窗台上完成实验，但阳光直射状态下效果最佳。如果用的是感光照相纸，需确保其反面朝上，直

第5步：继续将纸张放置在阳光下，不论多长时间皆可，如3-4天，或者更久。看看你的预测是否准确。

至实验结束。

第3步：记录好时间，定期观察。不要随意翻动饼干模具，否则晒出的图形边界会变模糊。实验开始后，可以预测哪种纸张在阳光直射下最快发生反应。

第4步：6小时后，移开饼干模具，观察阳光直射下的纸张和未经阳光照射的纸张的区别。记录晒后颜色的不同、日出时间、曝晒时长等。如果用感光照相纸做实验，则不需等候6小时之久。

 奇思妙想 ....

1. 将不同材质的胶带包裹在饼干模具上，观察会产生什么样的不同效果。

2. 尽可能多地尝试不同材质的纸张。

科学揭秘

太阳不仅仅将光洒在地球表面，还会释放紫外线。每一位不幸被晒伤过的人都清楚这些紫外线有多么可怕。除非你的皮肤含有大量色素沉淀，否则皮肤并不具备上佳的自我防卫机制，对我们中的多数人来说，即使是色素沉淀也并不能保护好皮肤。

太阳主要通过两种方法造成岩石碎裂。第一，通过热量。在阳光照射下，岩石积聚热量达到一定程度时，谁不小心拿起这样热的岩石都会被灼出水泡。被加热的岩石开始膨胀，产生细小裂纹。岩石白天变热而夜间冷却，即岩石持续不断地热胀冷缩会导致一种"推拉效应"，这样，成岩矿物的化学键就会断裂开。

第二，紫外线会催化其所触及的许多物质发生化学反应。紫外线与空气中的水分子结合能辅助氧化反应的发生，太阳光线会破坏分子结构，并迅速使其接触到的物质开始"老化"。正如实验中的纸张一样，太阳会让物质变干、变色，甚至燃尽一些易燃的化学物质。结果便是太阳会"催老"一切被照射的物体，即使过程缓慢，但历经百万年效果也就显著了。

疯 狂 的 植 物 根

观察豆芽冲破豆子表皮限制的
过程，这展示了植物是如何帮
助岩石碎裂的。

实验材料

→ 4匙（约55克）可发芽的绿豆种子
   （绿豆便宜并且可以食用，是较好的
   选择）
→ 调料玻璃瓶
→ 水
→ 小碟子，可用作盖子
→ 大块石头（约225克）

安全提示

— 岩石和玻璃瓶搁一起时，操作需小心。

实验步骤

第1步： 将绿豆倒进调料瓶中，冲洗两次，然后加入$1\frac{1}{2}$杯的水（约335毫升），浸泡一夜。

第2步： 次日，将水倒出后冲洗绿豆。不要让这些绿豆黏滑或者太潮湿，但也不要让其缺水太长时间。

第3步： 当绿豆倒到接近容器顶部时，将碟子盖在瓶口，再将石头压在上面。

第4步： 需每日检查一下这些绿豆是否发芽。

第5步： 当所有的绿豆看起来都发了芽，但它们仍然在继续生长时，就可以冲洗瓶子并将豆皮以及未发芽的豆子挑拣出来丢弃。注意，这些豆芽很快就会变质、腐烂发臭。

第6步： 让豆芽继续生长，需确保每日冲洗2次。

💡 奇思妙想 ·······················

1. 如果选用更重的石头会发生什么情况？

2. 不同种类的豆子有各自的特点吗？

科学揭秘

这个实验展示了植物生长的力量。通过膨胀变大，种子能积蓄力量冲开容器的盖子。这种"推力"是缓慢且稳定的，如果不加限制，它们会持续不断地生长。

植物使岩石碎裂的另一途径是通过它们的根深深渗透进岩石的缝隙。根的尖端努力探测寻找水和营养物质，因此它不断向深处推进直到遇到不能穿透的岩石。随后，它便开始四处伸展、上下缠绕。当根的尖端长出岩块之时，根自身也在生长并变得更粗，不再像之前那样脆弱。

下次在路边散步时，注意观察地面上的水泥板是如何通过不同方式被树根掀起或者掀翻的。可能还能观察到树根从水泥地上形成的裂缝中冒出，而混凝土对此一点办法都没有！

摇晃并破碎

岩石坚硬无比，但是当它被翻滚、摇晃、搅动或者与其他东西堆一起时，便会不再坚硬。在这个实验中，将模拟外力将岩石粉碎成沙的现象，你会从中得到乐趣。

实验材料

→ 5张纸（21.5厘米 × 28厘米）
→ 钢笔（或铅笔）
→ 2盒方糖
→ 小型的电子秤
→ 有盖子的硬塑料容器
→ 经过挑选的小卵石（也可用分离式的钓坠）

安全提示

— 请勿使用玻璃容器，以防因玻璃碎裂受伤。
— 注意盖紧盖子。
— 接触方糖后及时洗手，以防入眼或者弄脏其他物品。

实验步骤

第1步：取一张纸划分成4份，或者折成四象限一样的4个分区。分别标注：大圆石、鹅卵石、小卵石和沙。

第2步：将16块方糖放在电子秤上称重，在之前准备好的纸上记录重量。

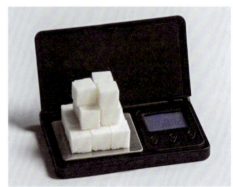

第3步：将糖装进容器中，拧紧盖子，用力摇晃1分钟。

第4步：将摇晃过的糖块倒在第1步分好的纸上，根据这些糖块的不同大小进行分类：最大块的可归类为大圆石糖块；最细小的颗粒属于沙石糖块；如果还有小的糖碎屑，归为小卵石糖块；而鹅卵石糖块就是比大圆石小又比小卵石大的部分糖块。

第5步：分别称量每一种大小的碎糖块的重量，将数据制作成表格。将所有重量加起来，将总重量和方糖的原始重量进行比较，看是否接近。

第6步：用几种不同的过程来做这个实验。试着让另一个人摇晃相同数量的方糖1分钟，或者也可以自己重复实验但改变摇晃方糖容器的时长。接下来，还可以将方糖和小卵石（或钓坠）一同装进容器后摇晃，观察它们如何改变方糖粉碎的过程。

 奇思妙想 ·······················

1. 你认为大圆石级糖块变成沙石级糖块需要多久？能和家人或朋友猜猜、比比吗？

2. 如果将方糖装进小容器中，没有充分的活动空间，会发生什么？

3. 如果在容器里放入相同体积的石头（或小卵石）和方糖后再摇晃，会发生什么？

科学揭秘

　　能够使岩石彼此撞击的机械力在地壳中广泛存在。地震使得岩石上下左右相互碰撞，结果总是化成粉末。当岩石跌落悬崖并在崖底堆积时，我们通常称其为岩屑堆，就像一个小石子坡。组成岩屑堆的石子大多很细小。地质学家称由大小不一的岩石碎块堆积而成的斜坡为岩屑坡（talus）。这些岩屑坡也可能包含汽车大小的大石头，大小不一的石块互相混杂在一起。每次高空落下的石块都会击中其他岩石并且进一步碎裂。只要上方的悬崖一直受重力、风蚀、阳光、树根以及水的影响，下方的岩屑坡便会继续堆积。有时这也是好事，因为如果上面石头一直会往下掉，就不必为寻找岩石样品或者化石而爬上悬崖峭壁了。但采样时一定记住要佩戴安全帽！

冰冻的力量

冰是可以把峭壁变成岩屑坡的又一大外力。水在被冷冻后不会收缩反而膨胀，这一点确实出人意料。设想一下，暴雨来袭，雨水倾泻在悬崖巨石上的情景：我们知道水会四处流淌，流进窄小的缝隙，还会在大坑中形成漩涡。倘若气温骤降，水便会结冰，开始膨胀。如果有地方伸展的话，它便会像挤牙膏一样慢慢"挤"出来。但是如果没有伸展的空间，冰就变成了一股很强的外力。

 实验材料

→ 小气球（用于做水球大战游戏）
→ 水
→ 1个空奶盒（约475毫升）
→ 1杯（约200克）熟石膏

 安全提示

— 请勿使用玻璃容器，以防碎裂。
— 切割奶盒时需小心。
— 接触熟石膏后及时洗手。

实验步骤

第1步： 在气球中装满水，直至变成高尔夫球大小，大约直径5厘米。系紧口部，放在一旁。

第2步： 将奶盒切成两半，留用下半部分。

第3步： 混合搅拌熟石膏，装进上一步骤准备好的奶盒中。注意不要装满，与顶部保留约1厘米的距离。

第4步： 将装水的气球塞进奶盒，用手扶住它，直至下面的熟石灰稍稍变硬，并能够固定住气球。这时，在气球上方至少有2.5厘米厚的熟石膏，注意不要让气球碰到奶盒内壁。

第5步： 等待至少1小时，让熟石膏变硬。一旦硬化，移开纸质奶盒。

第6步： 把这个做好的熟石膏模子放入冰箱冷冻一夜。次日早晨，就能看见裂缝出现在它的表面。如果气球足够大的话，这个熟石膏模块会断成两半。

 奇思妙想 ·····················

1. 如果在气球中留有一些空气，会发生什么？

2. 如果熟石膏里没有气球，熟石膏模块被冷冻后会发生什么？

科学揭秘

这个实验模拟了因缝隙中渗透进水而导致岩石冷冻胀裂的过程。

冷冻的水会膨胀，但是因为它被困在岩石里面渗不出去，只能不断地产生推力推挤岩石。如果岩石足够坚硬，就会尽可能抑制住冰块的扩张挤压。即使是金属也会被冰块撑破，任何一位水管工人都能提供水冰冻后撑裂金属水管缝合线的案例。这种力量被称为原子力（atomic forces）——水分子在温度降低情况下有序排列变成冰晶体，这种物理现象发生在原子层面。多数情况下，岩石内的冰都能找到细小的裂隙向外挤出，这样岩石会幸免于难。但是如果每年都经历多场暴风雨，而且延续数百万年，这种机械风化效应对岩石的摧毁是十分显著的。

看！生锈了

这个实验向我们展示：即便很普通的物质也能分解类似于钢铁这样很强硬的材料。

实验材料

→ 3个钢丝球
→ 3个塑料杯（或碟子）
→ 手套
→ 水
→ 1勺盐（约18克）

安全提示

— 注意不要把钢丝球碎末弄进眼睛或皮肤里。
— 注意避免把盐弄进眼睛里。

实验步骤

第1步： 把钢丝球分别放进杯子里（或碟子里，注意拿的时候戴手套，钢丝球容易产生碎屑）。

第2步： 往其中两个杯子里倒进和钢丝球差不多高度的水，另一个里面不要倒水。

第3步： 在其中一个倒了水的杯子里撒很多盐进去。

第4步：用1个星期的时间来观察比较这3个杯子里钢丝球的变化。

 奇思妙想 ··························

1. 如果用铜条来取代钢丝球，会发生什么情况？

2. 除了用盐，还能用什么其他物质来做这个实验？

科学揭秘

　　这个实验向我们展示了化学风化的能量。即便是钢铁做的钢丝球也没办法抵御得了酸和盐的侵袭。到了实验结束的时候，钢丝球也许什么都没剩下，只剩一个乱七八糟的烂摊子。

　　当钢丝球被弄湿后，水会在钢丝球纤维的表面能附着的任何位置对其发动腐蚀攻击。水中游离的氧气会结合钢丝上铁离子释放出的电子，形成铁的氧化物。这个过程被称为氧化，这是一种非常强大的力量。铁有许多种氧化物，但最常见的就是红色铁锈，化学分子式是Fe_2O_3，（Fe铁元素得名于拉丁文ferrum）这意味着一个三氧化二铁分子里有2个铁离子和3个氧离子。

　　往混合物里面添加盐的时候，就是把氧化进程加速了。这个原理在于：盐是电解质，加入盐之后，水溶液变成了电解液（盐水），铁上面的电子在盐水里运动得更快了，盐水是电子的良好导体。

　　冬天里，许多地方在冰雪固结前会使用盐来融化冰雪，消除道路危险，现在可以想象盐可能给你的汽车底盘带来危害了吧。所以，现在有些公路养护人员会使用沙子、煤渣或者一些更环保的化学物质来除雪。

理解地球

　　我们对地球的认知，从最小的体量开始，培育晶体、建造岩石，然后再破碎分解它们。如今，到了从更大的视角来认知地球的时候了。我们生活在一个年轻的星球上，我们的大陆还在漂移，火山还在喷发。地质学家们相信随着星球成熟变老，这些力量会慢慢停息。当然，地球已经是一个有几十亿年的历史的老星球了。一旦你的脑海里同时有这两个概念，就能理解在地球上每一天发生的那些事情了。

　　在接下来这些实验中，你将对地球确切有多老——被测定为有数十亿年这个概念有所理解。然后你会了解到一些能看到的地球表面发生变化的方式，也能学到一些基本的地质填图技巧和学会如何去模拟最有趣的地质现象之一——间歇泉。

实验 31

岁月沧桑

你知道地球有多老？想象一下，地球的规模有多大？

实验材料

→ 旧的扑克牌
→ 胶水
→ 彩色笔

实验步骤

第1步： 取一副旧扑克牌，拿出45张牌，这45张牌在这次实验中都是需要的。每一张牌代表1亿年，将用它们对应地球的年龄，我们估计地球的年龄为45.4亿年。

第2步：把39张扑克用胶水粘成一个单独的堆叠，堆叠里的每张扑克的边缘尽可能对齐，给这个堆叠的扑克边缘涂上棕色，这个堆叠代表前寒武纪时代（the Precambrian era），它涵盖了地球最初的40亿年。

亿年。

第5步：现在除了最近的6千万年外，你已经描述了地质学家们所公认的所有时代。可以把0.6亿年四舍五入归到1亿年，并用最后1张扑克牌代表，把它的边缘涂成黄色。

第3步：用紫色笔涂3张扑克的边缘，把它们用胶水粘起来，堆放到之前的棕色扑克上面。这3张扑克代表古生代（the Paleozoic era），持续了约3亿年。所以我们四舍五入将其归入最近的亿年单位数值3，用3张扑克牌来代表。

第4步：使用一支绿色笔，把2张扑克牌的边缘涂色，这是中生代（the Mesozoic era），是恐龙的时代，持续了约1.8

 奇思妙想 ……………

如果人类在地球上存在了400万年，你能想出一个办法，把代表最后的6千万年的牌分裂开来，从而表现出它们之间的关系吗？

科学揭秘

我们居住的地球非常苍老，以至于我们对早年的事情知之甚少。地质学家们使用放射性碳定年的方法，测出的目前为止发现最古老的岩石，是一块来自加拿大的片麻岩，形成于约39亿年前。这个实验中最早的39张扑克牌，即扑克牌堆叠中的棕色区域，代表地球上我们知之甚少的时代。那个年代没有多少岩石给我们去研究学习，所以我们不得不对于那个时代的世界给出一个有学术意义的假设。

到了扑克牌堆叠里紫色和绿色区域的那个年代，我们就有了许多化石可供研究，并且我们知道一大堆关于那个时代的地质和环境条件。但是离我们最近的黄色扑克牌区域所代表的时代又怎样呢？你可以用60张新的扑克牌重新开始新的实验，用不同的颜色标注出地质学家把新生代（the Cenozoic era）划分成的不同地质时期。当前的时期被称为第四纪（the Quaternary period），大概从1.1万年前开始，如果用1张扑克牌来代表第四纪，可能需要6千张扑克牌才能划分完整个新生代。

对 立 的 两 极

用细微的铁屑和磁铁做实验，演示地球南北极的磁力效应。

实验材料

→ 铁屑（或非常细的钢丝球）
→ 剪刀
→ 小而干净的空塑料瓶（容积小于591毫升）
→ 小试管（或小塑料管，能套在塑料瓶的顶上）
→ 管道胶带
→ 磁铁

安全提示

— 用剪刀剪铁屑时需小心。

奇思妙想

可以用磁性黑沙替代铁屑试试。

实验步骤

第1步：如果没有铁屑，可以取非常细的钢丝球，用剪刀剪成非常细的小碎屑。

第2步：除去空塑料瓶上的标签。大部分水瓶上的标签很容易移除，有些可能

需要用一些外用酒精来辅助除去瓶子上的胶。

第3步： 往空塑料瓶里加足够的铁屑或剪下来的钢丝球屑，大概填至瓶子的五分之一、不到四分之一处。

第4步： 把试管插入塑料瓶中，看看在玻璃和塑料瓶中间有多大空间可以放入，移动试管充分插入。将磁铁背靠背吸附滑动放入试管中，用胶带固定并填住与塑料瓶中间的空隙，以防铁屑漏出弄得乱七八糟。

第5步： 转动塑料瓶，瓶子里的铁屑吸附到了试管里面的磁铁上，你看到什么了？

科学揭秘

　　就像我们生活的地球，磁铁通过从北极发出进入南极的磁力线形成磁力区域，磁铁里面的不同元素的原子也以这种秩序排列，这使得磁铁的南极点和北极点永远都指着固定的方向。而在铁里面，所有的原子无序排列，没有固定的方向。磁铁的异向相吸，南极和北极会相互吸引，但是如果你想把两个同极性的放到一起，会发现它们是相互排斥的。

　　磁性是看不见的，但是细小的铁屑能帮我们理解磁场是什么样的。地球的磁场也是这样的工作原理，北极点在地球顶部北极圈最北的极点位置，南极点则在地球底部南极圈最南边的极点位置。当你在试管里降低磁铁的位置时，瓶子里的铁屑会跑到贴近磁铁的位置，每一个小铁屑都会以磁力线的方向定向排列。感谢这个透明的塑料瓶，你可以以3D立体的方式看到磁场效果。一旦移开磁铁，铁屑就会回到它们之前的正常状态。

　　地质学家们发现，地球的磁场有时会自然地颠倒互换，在那种状态下，地磁场的北极点就跑到地球底部的南极去了。当美国宇航局（NASA）检查从洋底经常性地涌出的火山岩浆流时，会发现岩浆冷却后，岩石里的含铁物质会按照磁场的方向有序地定向排列。每过20万年，地球的磁场会发生一次变迁，这种磁场极性变迁看起来并不会伤害任何事物，这是世界正常运行的一个基本要素。如果地球没有磁场了，来自太阳的放射线就会破坏我们的大气层，直接照射到地球上。

地 层 露 头

亲自动手制作一段柱状地层，然后你可能会改变看到峭壁陡岸时的关注点。

实验材料

→ 峭壁陡岸的剖面（如采石场或河堤）
→ 实验日志和笔（铅笔或钢笔）
→ 直尺（可选）
→ 卷尺（可选）
→ 照相机（可选）

安全提示

— 找一段安全适合攀登的陡坡。
— 不要四处攀爬或冒着前方掉石头的风险前行。

奇思妙想

本页的图片上，假设图上的汽车高度为1.2米，请估算一下上面三段岩石剖面上分层每一段的厚度。

实验步骤

第1步： 完成这个实验最有效的方式就是去找一个沉积岩形成的峭壁陡坡，比如采石场或修公路形成的山体剖面。地质学家们称之为"露头"（outcrop），意思是露出地面的岩石或地层。如果你没法跟大人去到一个露头考察，就从网上找张露头剖面的照片吧。

第2步： 地质学家们通常使用卷尺来估算整个岩石露出面的尺寸。我们不用测量得那么准确，就用一支铅笔，利用比例估算的方法，量出铅笔的高度、眼睛到铅笔的距离、眼睛到剖面的距离，也能大体测算出剖面的高度。

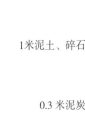

1米泥土、碎石

0.3 米泥炭

3 米沙子、碎石

硬质底盘（深度不知）

第3步： 用长矩形或柱状的方法在实验日志上画出露头剖面的草图，在草图底部的左边标上0，把刚才估量出来的剖面的高度尺寸依次标上去。

第4步： 从露头剖面上找各岩层的水平分界线，这种分界的岩层在地质学术语上被称为"地层"（strata），估测一下各层的高度，在实验日志上的柱状素描图上按比例画出线来。

第5步： 把估测的每一层的宽度和数值标在素描图上，如果不确定每一处地层是哪一种岩石，可以用类似于"红色地层"、"黑色地层"或者其他能描述其特征的词，便于与周边地层进行区分。

科学揭秘

　　地层学是一门研究岩石如何堆积形成的学科，能帮助你了解岩石处于地下的时候是如何组织以及它们间的相互关系。

　　不像树上的年轮，悬崖陡壁表面的岩石对于时间的记录并非那么有规律，不同年代的地层之间可能会出现很大的断层；我们把这种现象称为地层不整合（uncomformity）。在某些情况下，地震能导致地层位移或者被侵蚀，甚至能摧毁某个地层。在另外的一些情况下，各个地层看起来会很平整，只有详尽的化石研究能揭示这里是否有某个年代的地层缺失。

　　关于岩层定年的研究可以追溯到丹麦科学家尼古拉斯·斯泰诺（Nicolaus Steno，1638－1686），他列出3条基本准则：在绝大部分情况下，最底部的岩层就是最古老的岩层；沉积岩通常是平铺的；几里路之外相似的岩石往往最初都是一个岩层的。1815年，威廉·史密斯（William Smith）应用这些理念制作了第一张英格兰全国地质图，那是一张巨大的彩图。

实验 34

哇！间歇泉

往苏打水瓶中放入曼妥思薄荷糖是一个实验，可以向我们展示产生间歇泉的其中一种原理。

实验材料

→ 存放于室温下的无糖苏打汽水（2升）
→ 1张白纸（卷成管子的形状，用来投放糖果）
→ 7粒曼妥思薄荷糖

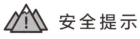

安全提示

— 实验时与喷涌的苏打水瓶保持距离！小心被喷出的饮料弄得一团糟哦！
— 别让苏打汽水进入眼睛里。

实验步骤

第1步： 把汽水瓶放在一个有水管、能迅速清洁的地方，比如说车道。

第2步： 把白纸卷成管状，然后往里放入7粒曼妥思薄荷糖。把纸管竖过来试一试，要确保糖能从纸管中迅速滑出。

第3步： 用手指堵住盛有糖的纸管底部，让纸管底部对准苏打汽水的瓶口。

第4步： 把手指挪开放出糖果，然后迅速远离瓶子。

 奇思妙想 ....

1. 可以调整实验中的很多变量——如温度、口味、薄荷糖品牌、糖的数量等，看看产生间歇泉最好的要素组合是什么。

2. 用手持放大镜观察薄荷糖的表面，它是什么样的？如果实验之前用很细的砂纸打磨掉糖果上的小坑，试验结果会怎样？

科学揭秘

当你把糖丢进汽水里时，苏打汽水中的二氧化碳会迅速接触薄荷糖的表面。由于糖果里富含小孔，所以它有成百上千个地方来收容二氧化碳并且产生泡泡。这些有小孔的地方叫做成核位置（nucleation sites），这一点与之前做过的用盐和糖培育晶体的实验很类似。与单单从晶种上缓慢地培育晶体结构的方式不同，随着越来越多的二氧化碳从汽水中被放出，剧烈的反应便发生了。如果薄荷糖是光滑的，可以促成反应发生的孔洞会大大减少，那么实验结果就没有那么惊人了。另一个值得思考的实验因素是薄荷糖的重量——它们得足够重，重到能沉到汽水瓶底去寻找更多能释放的二氧化碳。

如果用了普通的苏打汽水而不是无糖苏打汽水，也会发生反应，但效果较弱，因为如果添加了人工甜味剂，汽水的表面张力会更小，汽水中的结合就不那么紧密。试想一下，如果有一个屋子里装满热岩浆，然后顶部被封住，当压力突然被释放，跑出来的就不再是岩浆，而是爆炸飞溅的火山灰了。如果有足够多的空气急速涌入与岩浆混合，就变成一朵火山灰云，而不是一股岩浆流。

真正的间歇泉，如美国黄石国家公园里的老菲斯福尔间歇泉（Old Faithful），原理和运行模式与我们的实验不太一样，它是由于滚烫的地下水在地下一处很大的空隙中很快升温沸腾，然后开始快速涌出。如果你想做一个与那种间歇泉相似的实验，那么将非常危险而且还没什么乐趣。

生命的印记

如果我们建立一个关于地球年龄的时间尺度，就可以看到我们当前所处的地质年代是非常年轻的。但是大约40亿年之前，从细微的藻类植物开始，在大气层有氧气存在之前，地球上就开始有生命的迹象了。虽然我们拥有少量那个时代的岩石，但是并没有多少关于这些岩石的化石记录方面的信息。尽管如此，对于为后续发生的事情去建立靠谱的设想框架，我们还是有足够的化石记录信息的。

在接下来的一系列实验中，你将会看到地球通过不同方式留给我们的痕迹和线索，将会学到一些地球上化石形成的不同方式，这些都有待我们去体验。你有机会通过实践成为一位真正的古生物学家，通过细心地挖掘去得到有趣的东西。很久以前，地质学家们关于化石如何能在山顶形成有一些非常不靠谱的理论，放到现在看来，要回答这样的问题就容易些了。

树叶的印记

就像大自然所做的一样，把树叶的模样印下来吧！

实验材料

→ 玉米粉（约32克）

→ 小苏打（约110克）

→ 水（约60毫升）

→ 盘子

→ 蜡纸

→ 剪刀

→ 2-3片叶子（或枝杈，银杏、红杉是
  最佳选择）

→ 稀释过的黑色颜料

→ 小号平底锅

安全提示

— 所有材料都不要弄到眼睛里哦！

实验步骤

第1步：将玉米粉、小苏打和水放在一个小
号平底锅里一起搅拌，用中火加热
至凝固成面饼状，这就是"化石
面团"。

第2步：把平底锅从炉子上取下来，把面饼刮出来。冷却后，就像做烤面包那样揉面团。

第3步：揉成6个球状面团，然后放入冰箱。

第4步：剪6张方形的蜡纸，每张大约15厘米×15厘米。

第5步：把一个面团放在蜡纸上，然后拍打它，让它变得又扁又圆。

第6步：将准备的植物材料（叶子或小枝条）放在面饼上压一压，然后拿走，留下一个"化石"痕迹。

第7步：当面团变干后，可以用稀释的黑色颜料轻轻地涂在印痕上加以突出，或者也可以用其他喜欢的颜料去涂。如果发现面团上出现太多裂缝，可以使用黏土来做这个实验。

奇思妙想

1. 查一查所选植物的学名，用牙签在面团上刻出文字标签。

2. 涂什么颜色能使化石显得最逼真？

科学揭秘

大多数时候，你收集的植物化石，并不能恢复植物本来的样子。与树木本身原始的化学物质和有机质被石英质取代的木化石不同，典型的植物化石通常只不过是原始植物的印记。植物化石中常见的黑色通常是一些碳，是植物被溶解后的残留物。

银杏和红杉都是"活化石"，历经千百万年后，它们仍然生活在地球上。水杉是美国俄勒冈州的州级代表性化石，但它与在加利福尼亚常见的红杉树林没有很大的差异。虽然如今俄勒冈州比加利福尼亚州凉爽，但是俄勒冈州有红杉化石，你认为在这些红杉化石形成的时候，那里气候是什么样的呢？那时候一定比现在要温暖一些。

通过研究树叶、种子、木材和其他化石，我们可以了解许多在化石形成时代的气候知识。研究化石的地质学家被称为古生物学家，是研究古代生命的科学家。正如你可能猜到的，研究古代生活意味着必须对今天的生活也了解很多，如此才能进行比较。古生物学家对动植物演化，也就是它们会如何随着时间的改变而变化以适应不断变化的周边环境很感兴趣。自从38亿年前地球能够孕育生命以来，化石就给我们留下了当时世界的线索。把化石整个修整出来就像解决一个难题，但这项工作充满了很多乐趣。

恐龙的足迹

亲手制作恐龙足迹模型吧！如果不想做恐龙足迹，也可以用一些塑料动物模型或真的贝壳来制作印模。但是，相信我，恐龙足迹更好玩！

实验材料

→ 模具容器（如水瓶上的小塑料瓶盖、金枪鱼罐头等）
→ 小塑料片
→ 预先搅拌过的填充化合物（或熟石膏、其他的黏土）
→ 足部轮廓明显的恐龙玩具
→ 防粘烹饪喷雾（喷油瓶）

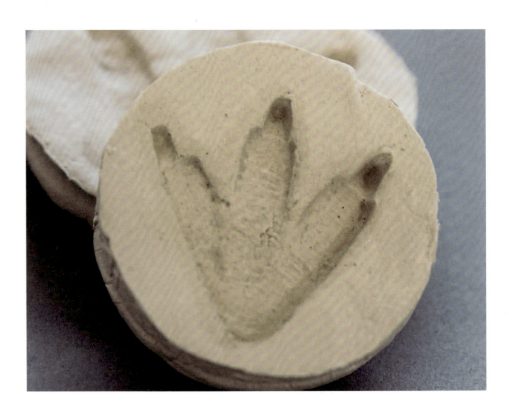

安全提示

— 摆弄黏土很容易弄得脏兮兮的，所以不要在地毯上做这个实验哦！

实验步骤

第1步：确保塑料盖子是干净的。

第2步：在盖子的底部放一个正方形的小塑料片，这样就可以在留下印记以后把模具移开。

第3步：将所选择的黏土（或抹墙粉、其他填充化合物）压入瓶盖内。

第4步：在恐龙玩具脚下喷洒防粘烹饪喷雾（或食物油），这样黏土就不会粘在上面了。

第5步：把玩具恐龙的脚放在化合物模子上留下印记。重一点也没关系，确保这个印记清晰明显。抬起检查一下恐龙脚上是否粘有黏土。如果需要重新操作一次，可以在恐龙脚上轻轻地多喷一些防粘喷雾，然后铺平粘土，再印下脚印。

第6步：让模具完全干燥，然后把它从塑料瓶盖上取下来。可以修剪模型的边缘，用颜料轻轻地涂色，或者涂上一层虫胶。也可以把它放在一个边框里或串上吊扣作为饰品。

第7步：也可以利用家里有的其他盖子做实验。

1. 怎样才能做一个完整的轨迹？这个轨迹上有一连串动物脚印，记录了一个动物线性行走的一段距离。

2. 测算一下你的脚长和你的身高之间的比例关系。这个数学模型的准确度是多少？如果恐龙的足迹长2米，那么恐龙会有多高？

科学揭秘

在一个阳光灿烂的日子里，你不小心踩进泥泞中，这便制作了一个脚印模子。如果泥浆在几天之后变硬，那脚印模子就能保存挺长一段时间。现在试想一下，如果暴风雨滚滚而来，该地区遭受了严重的洪水，一层新的厚厚的沙子、泥沙和粘土覆盖在你的足迹上。长久地保存足迹需要的只是更多次的洪水，带来更多的泥沙填埋，如果有足够重的泥沙在上面堆积，泥浆就会变成岩石，足迹就能留存很久很久。

第一个被科学家们鉴证的恐龙足迹是1802年在美国马萨诸塞州发现的。在美国西部的几处被认可的恐龙足迹附近，当地土著印第安人创作了一些岩石雕刻，并将这些雕刻作品解释为"鸟的足迹的位置"。这个事情的有趣之处在于，当地土著比古生物学家超前很久就指出了恐龙和鸟类的关系。

今天，科学家们可以通过测量恐龙足迹的深度、足迹的大小以及足迹之间的距离来了解恐龙的许多信息。有些痕迹似乎显示了一群恐龙都朝着一个方向移动，而有些痕迹看起来像是食肉恐龙在捕猎它们的下一顿美餐。

疯狂的结核

大自然喜欢把东西包裹在泥里，还把它们变得又圆又大。

实验材料

→ 在室温下准备1杯（约225克）无盐黄油
→ 1杯（约120克）筛过的砂糖，再加半杯（约60克）做擀面用
→ 2勺（约5毫升）香草精
→ 筛子
→ 2杯（约250克）面粉
→ $\frac{1}{4}$勺盐
→ 1杯（约110克）切碎的山核桃（或胡桃、杏仁）
→ 10 – 12块巧克力
→ 1杯（约86克）可可粉
→ 烤箱
→ 盘子

安全提示

— 用炉子要小心，注意防火。
— 用炉子时要寻求成年人的帮助。
— 烤制茶叶球时要当心烫手，请使用厨房手套或隔热垫。

实验步骤

第1步： 把黄油和1杯（约120克）砂糖混合在一个大碗里。

第2步： 加入香草精，搅拌至蓬松。

第3步： 将面粉和盐过筛2次，然后慢慢地加入黄油混合物中。

第4步： 加入坚果，完全混合。

第5步： 把面团擀成直径2.5厘米左右的圆球，但一定要把巧克力片推到中间。这一步如果不小心就会变得一团糟！将生面团放在脱脂甜酥饼干上，在200℃左右的烤箱中烤10–12分钟，直到开始看到它变成褐色。之后便可以将它从烤箱中取出，就得到了一个像茶球一样的球状物。

第6步：当茶球还有点热的时候，把它放在铺了砂糖的盘子或平底锅上滚动。

第7步：当它们冷却时，再把它们放在可可粉里滚动起来，沾满可可粉。

第8步：给茶球喷水雾，然后在砂糖里把球再次滚动。尽可能多地重复这个步骤。我们的目标是制造一个更大更大的茶球，再过一会儿，就很难粘上更多的砂糖了。

第9步：用锋利的刀将茶球切成两半，切的时候要小心，不要切下太多的糖。

 奇思妙想 ┄┄┄┄┄┄┄┄

1. 可以仅仅用水，不用其他液体来做茶球吗？

2. 试着用鸡蛋清来做这个实验。

科学揭秘

结核是大自然送给我们的惊喜——你永远不知道打开后会得到什么礼物。有时候里面什么也没有，但有时就含有化石。这个实验用巧克力片来模拟化石，许多沉积岩形成于海湾或泻湖，那里的水不清澈，通常有许多溶解的泥浆；当泥中含有丰富的碳酸钙时，它就变得黏乎乎，并开始覆盖它找到的任何东西。实验里你使用的是干粉末，自然界使用的是泥浆，泥浆会粘在所有东西上，包括它自己。结核通常从覆盖壳状物体开始，比如不幸被困无法动弹的蛤和蜗牛。实验中将巧克力片包裹做成饼干，就是在模拟这个过程。

当小波浪在富含钙质的泥浆中推动小球滚动时，球继续生长，直径可达2米。著名的加拿大熊掌海底构造，曾经是热带海洋的一部分，从加拿大一直延伸到美国科罗拉多。这些岩石中含有许多结核的沉积物，有时会含有斑彩菊石，这是一种很漂亮的斑彩螺化石，开采这些结核就是为了获得这类宝石级的化石。世界各地的砂岩地层都包含有结核，有时结核里包裹有黄铁矿、重晶石等矿物。2004，美国宇航局（NASA）的科学家利用"机遇号"探测器在火星发现了小圆球，他们将其称为"蓝莓"，因为这些球状岩石看起来就像蓝莓松饼。这种球体原来是一种富含赤铁的铁矿石，而圆球形状是火星上曾经有水的存在的线索。

挖 掘 珍 宝

把一块"珍宝"包进岩石里，再慢慢地一点点剥离岩石，把它挖掘出来，就像现代的"化石猎人"做的那样吧！

实验材料

→ 4杯（约920克）熟石膏（也可以给初学者准备1桶沙和普通的筛子）

→ 塑料盆（约946毫升，或差不多容量的小碟子）

→ 2杯（约475毫升）温水

→ 1勺（约5克）盐（用来加快石膏硬化）

→ 任选"化石"样本（如塑料虫或恐龙骨架模型）

→ 锤子（或凿子、螺丝刀）

→ 长钉（或牙签、旧的牙科工具）

→ 旧牙刷

→ 护目镜

安全提示

— 使用锤子和凿子时需小心。

实验步骤

第1步： 确定你自己的实验计划（对于年纪较小的孩子来说，如果想做些轻松的任务，可以只用1桶干净的沙子和1副筛子）。

第2步： 混合熟石膏，将其倒入一个塑料盆（或一个小碟子）中。如果想使石膏更快变硬，可以加些盐进去。

第3步： 把搜集的"珍宝"（塑料昆虫、玩具、恐龙骨架模型）放入熟石膏中，搅拌。将完成的混合物放置在一旁，等待数小时使其变得坚固。这些石膏模塑20分钟便会变硬，如果想要做成很厚的岩石，需要更长时间。

第4步： 好戏开场了——轻戳上一步骤完成的混杂物，除去表层石膏。可以用钉子（或螺丝刀）作为辅助工具戳开石膏，用牙刷刷掉已经松动的石膏，一片一片地慢慢清理出骨架模型。试着在未完全挖掘出来的时候鉴别挖出的是什么化石，这个过程会很有趣。

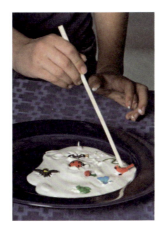

 奇思妙想 ....

如果你面对的化石都很脆弱易碎，想象一下，挖掘清理工作会有多么艰难。

科学揭秘

如果你发现自己对刮除石膏很有耐心，能慢慢挖掘出化石复制品，那么你可能拥有成为古生物学家应具备的品质。但要想成为这方面的专家，还需要考取好的成绩，学习地质学、解剖学、生物学以及其他知识，如果你喜欢去实地考察，这会是一种极好的实践学习的方式。

搜寻恐龙骨骼化石对于一些家庭而言是一项很流行的度假方式，你能够在网上搜索到世界各地各式各样的这类旅行。你也将有机会在真实的化石挖掘现场做着和古生物学家们一样的工作。

19世纪后期，在美国西部曾经发生过广为人知的恐龙骨战争，当时马车早已不再作为穿越平原的主要交通工具。但是一听说关于巨型恐龙骨骼化石的故事，那些在东部上过医学院的博士们立即举家前往西部，他们骑着马或者驾乘着两轮马车，全家出动去现场亲自了解真相。后来，两位来自大型博物馆的科学家开始了一场竞赛，看谁能先发现并命名最多的新化石。大卫·瑞斯·瓦莱斯（David Rains Wallace）在他的书《恐龙骨猎人的复仇》（The Bonehunters' Revenge）（霍顿-米夫林出版公司，1999年版）中，讲述了"镀金时代最声势浩大的科学争斗"是如何在爱德华·德林科·柯普（Edward Drinker Cope）博士和奥塞内尔·查利斯·马什（Othniel Charles Marsh）博士之间展开的。他们斗争了多年，只为最先找到最好的恐龙骨骼化石。很多美国的顶级博物馆，包括纽约自然历史博物馆和史密森尼博物馆，现今仍在展出由这两位博士发掘的化石。

侏罗纪的琥珀

像琥珀包裹住昆虫一样，将小虫子包裹进糖果吧！

实验材料

- → 3勺（约42克）黄油（或人造奶油）
- → 2个蛋糕烤盘（或曲奇烤盘）
- → 小苏打（约7克）
- → 1勺（约5毫升）香草精
- → 糖（约300克）
- → 1杯（约240毫升）水
- → 1杯（约235毫升）玉米糖浆
- → 煮糖果用的温度计
- → 1包橡胶材质（或塑料材质）的小虫子
- → 煮锅（3升）
- → 烤箱

安全提示

— 测量糖果混合溶液温度时需小心。

— 使用火炉或烤箱需有成年人的协助。

— 当心橡胶或者塑料小虫被误吞入导致的窒息危险，尤其在有年龄较小的孩子参与实验时。

实验步骤

第1步： 烤箱预热至摄氏93℃。在两个蛋糕烤盘上涂抹黄油，放入烤箱保温。在小玻璃杯中混合小苏打、1勺（5毫升）水、香草精，然后放置于一旁。

第2步： 将糖、剩下的水和玉米糖浆在3升左右的平底锅中混合。中火加热，不时搅拌，直至糖果温度计显示摄氏

115.5℃。

第3步：加入黄油搅拌直到摄氏150℃，注意不要烧焦！取下，倒入苏打、水、香草混合物中充分搅拌。另外一种实验的做法是将少许加完黄油之后的混合物（尚未加入苏打、水、香草的混合物）滴入冰水中形成线条。

第4步：取出烤箱里的热烤盘，把上述混合物倒入其中，将小虫放进去。或者，如果想要精确模拟包裹昆虫的琥珀形成过程的话，可以将小虫置于烤盘上，再将混合物直接倾倒到小虫上，再拿些小虫放在混合物

上面。

第5步：静置混合物，等待大约1小时，让其变硬。再将它们分成数块，存放在有盖子的容器中。

 奇思妙想 ⋯⋯⋯⋯⋯⋯

在这个实验中，如果不想摄入过多糖分，也可以用明胶代替糖浆。

科学揭秘

　　研究被包裹在琥珀中的昆虫、蜘蛛、小鸟、蜥蜴和其他生物是可行的，琥珀是一种石化了的树脂，不是含有大量水的树液。你也可能在被砍伤或划开的松树表面看到过流出的树脂。一旦石化，树脂就变得坚硬、透明、抛光后有光泽，因此可用于制作首饰。摩擦琥珀时，它会产生静电，因此希腊人将琥珀称为electron（希腊语，意为"电"）。

　　世界上有几个地方的当地人会采集琥珀。在《探寻琥珀中的生命》（The Quest for Life in Amber，爱迪生·韦斯莱出版社，1994年版）一书中，作者乔治和罗伯特·波茵纳尔（George and Roberta Poinar），描述了他们在波罗的海的沙滩采集琥珀的经历，特别是在靠近

加里宁格勒的地方，这里至今还继续开采着琥珀。波罗的海地区的琥珀通常被称为succinite，因为这个产区的琥珀含有8%左右的琥珀酸（succinic acid）。其他著名的琥珀产地还有多米尼加共和国、墨西哥和美国新泽西州等。

　　如果你读过《侏罗纪公园》这本书或者看过这个电影，你应该能记得科学家们寻遍全球，只为找到包裹着昆虫的琥珀。科学家们寻找到一些蚊子，它们刚刚吸了恐龙的血便丢掉了生命，然后科学家们又从这些血里面提取了DNA。这是个好的电影题材，但现实中实现可能性极小。

寻 找 小 化 石

不是所有的化石都是巨大的恐龙骨化石，地质学家们也能从细微的小化石上探寻到远古的记忆。

实验材料

→ 含有杏仁、花生、米饭等的巧克力糖棒
→ 2个盘子
→ 手持放大镜
→ 小型的电子秤
→ 牙线（或牙签、钉子）
→ 镊子

安全提示

— 用尖锐的工具掏挖巧克力时，小心别戳伤自己。

实验步骤

第1步： 在实验开始之前，将巧克力棒放进冰箱中冷冻至少1小时。冷冻后的巧克力不易融化，而里面的"化石"也会更容易挖出。如果巧克力有点融化得到处都是了，也许得暂停实验并重新冰冻。用有点热的糖果替代巧克力棒也许会更容易点。

第2步： 取出巧克力板，用放大镜观察里面夹杂的小"化石"，把它们挑出来。

第3步： 掰开2块巧克力棒，取其中之一称重，然后吃掉。这一步你得做快点！

奇思妙想 ·····················

在实验开始之前，估计"化石"和"基质"的比重，在每一步骤完成后称量每一部分的重量。看看你的猜测准确吗？

第4步：小心地用牙签（或其他工具）破除巧克力"基质"，使其与"化石"分离。用镊子将"基质"与"化石"分别夹到两个盘子上。

科学揭秘

化石挖掘并不像你原认为的那样简单，对吗？你必须小心翼翼地移除尽可能多的基质，避免任何一片化石破碎。如果你去过大型自然历史博物馆，可能会见过化石修复专家的工作现场。位于加利福尼亚州洛杉矶市的拉布雷亚沥青坑是一个较为著名的化石产地，专家在黑焦油中挖掘出动物骨骼、种子、树枝和其他物质的化石。即使是最小的化石也能帮助还原化石形成时的气候条件。

在这个实验中，你是通过弄碎巧克力糖来模拟的，但是里面酥脆的米粒与一种叫做蜓（fusulinid）的著名化石有点像。这种生物是单细胞有机体，但它们长着厚重坚硬的骨架来保护自己。它们从泥盆纪到二叠纪很常见，但随后渐渐濒临灭绝。这种生物与一种叫做有孔虫（foraminifera）的有机体生物相关，油气地质学家借助这种虫类来研究它们钻孔的岩石参数。不同的气温和化学环境，有孔虫会进化成不同形态和种类。因此地质学家如果确定了所遇到的有孔虫的身份，就能够探究关于岩层的许多信息。

单元

10

探寻财富

　　是时候携带放大镜和透镜外出，仔细观察勘探者所说的黑沙了。这些沙中的小黑点有时价值很高。它们通常是细微的磁铁矿屑，也可能是铁、银、铂或者外来物质的微粒。极少数情况下，它们可能是星尘坠落到地球的极小的陨石，细小的石榴石颗粒也十分常见。

　　学会识别和采集黑沙可以使你成为优秀的勘探者。任何一个经验丰富的淘金者都会告诉你：淘金时同时会得到黑沙，但有黑沙不一定有黄金。另一句勘探者里流传的老话说"真正的黄金就是你找到它的地方"，这意味着如今世界上99%的黄金产地已经被发现，因为有经验的勘探者擅长从最常见的地点挖掘金子。他们会耐心地在河口位置淘金并沿河流直上，也会在汇入的支流甚至小溪中淘金。若他们在一个地点发现黄金，但是上游位置并没有黄金，那么这个地方就是金矿的源头。

淘金盘中的闪光物

了解老一辈矿工使用淘金盘的方法。

实验材料

→ 大号平底桶
→ 土壤（或从商店购买来的矿石）
→ 钓坠（或铅笔芯）
→ 小号淘金盘（或小号铝制烙饼盘）

安全提示

— 避免污水溅入眼睛。
— 注意不要将手插进碎石和沙土，以防擦伤皮肤。
— 一开始时不要举盘子太久，否则手腕、手臂和肩膀会肌肉酸痛；蹲坐时间太长也会引起大腿酸痛。

实验步骤

第1步： 在大号平底桶中倒入四分之三的水。如果没有大桶，一个30升的冰桶也可以。但是不要用厨房水槽！

第2步： 如果你在网上买了盐渍土，可用于此步骤。如果你住在距离产金矿较近的乡村，例如加利福尼亚的主矿脉地区，可以直接去河边带回一些矿土样本。如果没有上述材料，普通的土壤即可。

第3步： 在淘金盘里装入半盘子沙土，向其中加入钓坠。如果没有矿土，这些就是你的"金块"和"小金片"。

第4步： 小心地将淘金盘浸泡入水中，确保没有东西浮出。用手指将结块或泥土捻开，扔掉浮在水面的树枝或落叶。

第5步： 将盘中的脏水倒出少许，再次搅动淘金盘，确保底部无附着物。在盘中打旋，使所有物质都不再粘连。这称为"悬浮泥浆"。

第6步： 如果盘子有凹槽，确保这些凹槽在盘子的边缘。小心地迅速晃动盘子，使其倾斜，让少许泥水流过凹槽，流出盘子。

第7步： 平放淘金盘，再次旋转摇晃多次，再倾斜盘子朝向远离自己的一端，使悬浮泥浆对着凹槽流动。使其从淘金盘顶部溢出一部分泥水，再重新放平。反复操作这个过程。再次用手指试探以确保泥块都散开，挑拣出大块岩石。确保它们是干净的，有时金子会附着在石头表面，因此一定要清洗干净。

第8步： 反复摇晃淘金盘，滑动盘里的矿土悬浮泥浆通过凹槽，然后冲刷凹槽位置，直至其接近空盘，你看到盘底的闪光物了吗？

 奇思妙想 ·························

试着用别的矿土样品，以相同的重量加入淘金盘里，看你能用多久淘到几乎空盘，让盘中只留下钓坠。

科学揭秘

　　是重力帮助实现淘金盘的淘金功能。老一辈淘金者的盘子上没有凹槽，现在的淘金盘已经经过改良，因为这些凹槽能在其后面产生漩涡，从而将较重的颗粒物困在凹陷处。每次停下来平放整理淘金盘里的泥浆，也有科学原理，这是在使悬浮泥浆重新"分层"。较重的物质沉至底部，而较轻的物质则浮到了表面。这是3个科学原理在起作用——重力、密度和水溶性，所以每次淘金其实都是一次科学实验！

　　你还记得我们做过的估测密度实验（实验12，第40页）吗？我们测量了密度。金是最重的元素之一——纯金的重量是每立方厘米19.3克。可以在右侧的表格中查找其他重金属的密度。

重金属	
金属	密度（克/立方厘米）
金	19.2
钨	19.4
铀	20.2
铂	21.5
铱	22.4
锇	22.6

实验 42

美 丽 的 彩 带

用明胶来做一个能吃的条带玛瑙！

实验材料

→ 搅拌碗
→ 几种不同风味类型的明胶（5盒大概可以制作18个蛋）
→ 香草酸奶
→ 蛋形模具（在周围寻找或去二手店购买，也可以用一个普通的玻璃酒杯来做模具）
→ 不粘锅的食用油
→ 注射器
→ 搅拌器

安全提示

— 制作明胶需要热水，要小心。
— 在烹饪炉周围小心谨慎，以免灼伤。
— 煮开水时需请成年人帮忙。

实验步骤

第1步： 先制作明胶。将一包明胶混合物溶解于约300毫升的沸水中。

第2步： 将每种风味类型的明胶各半杯（约120毫升）分别放入一个碗中，与2勺（约30克）香草酸奶混合使之变成奶油状。

第3步： 将不粘锅的食用油喷在模具或玻璃里，以便在完成后可以轻松地将成品取出。

第4步： 用不同颜色的明胶层来填充模具。可以使用注射器轻松地将混合液体注入蛋模的顶部，也可以用滴管来填充各个小洞。不要让每一层太厚，否则彩带看起来不自然。但是如果每一层都太细，那你可能需要一整天来做这个项目。

第5步：每填一层之后，将蛋形模具放入冰箱至少10分钟。不要让它硬化，否则最后做成的"玛瑙"会沿着分界线分解。如果在冰箱时间放置得不够长，颜色层会互相串色。

第6步：用你喜欢的颜色明胶交替分层填充。奶油凝胶可能容易沾手，所以要用搅拌器搅拌使它稍微固化。每次尝试着使用相同数量的奶油凝胶，这样利于制作出均匀漂亮的高质量彩带。

第7步：将完成的作品放在冰箱里至少6小时。完成后，整个模型应该很容易从蛋形模具中拿出来。如果彩带蛋在冰箱里放太久过硬了，可以试着给它加一点水，并将它们重新放回蛋形模具中，再放回冰箱几小时，这样就可以解决这个问题。

 奇思妙想 ·····················

你能把彩带做得多细呢?

科学揭秘

玛瑙是石英质的玉石，宝石学家称这种矿物集合体为玉髓。玛瑙有许多不同类型，苔藓玛瑙内部有些小树枝状的矿物包裹体，条带状玛瑙具有许多生长纹。宝石学家们将实验中做的这种外形的玛瑙称为堡垒玛瑙，是在一个空腔里每次接受一点点石英热液的冷却凝固的过程中产生的，在漫长的岁月中，多次重复这个过程。每个条带代表一次石英质热液的玛瑙形成原料的涌入，或者腔体可能一次就完全填满，然后像我们在第58页的"让沉淀物沉积下来"实验中看到的那样沉积下来。每一条线可能代表不同的时间，或者可能含有少量的与石英质热液一起携带进来的其他矿物质。

在海边或沿着河流小溪捡到玛瑙并不难，但你需要知道去哪里才能捡到。玄武质岩浆通常在主要矿物结晶析出后，石英质还处于液态时，沿着旧的已经硬化的岩脉流动，并逐渐硬化。有时岩脉中的裂缝也会使石英质溶液上下流动。石英质溶液最终冷却并硬化，如果它的冷却过程很缓慢，就可能会形成美丽的玛瑙缝。

晶洞和矿脉

在这个实验中，使用蛋糕和糖霜，你可以看到物质如何被挤入地球上的岩石中。最后，你还可以将实验结果吃掉哦！

实验材料

→ 自制或购买的纸杯蛋糕
→ 玻璃杯
→ 糖霜（白色或黄色）
→ 带喷嘴的糖霜袋
→ 小刀

安全提示

— 避免被烤箱灼伤。
— 请在成年人的帮助下使用烤箱。

实验步骤

第1步：根据蛋糕店里的配方准备制作蛋糕。不要做全尺寸的纸杯蛋糕，做大约四分之三的大小，甚至一半大小的即可。如果时间很紧，可以在商店购买现成的纸杯蛋糕，但要买小一些的。

第2步：纸杯蛋糕冷却后，将一个蛋糕正放在玻璃杯里，另一个蛋糕正倒过来

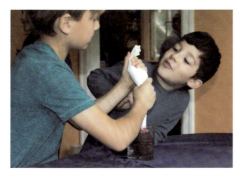

放，让黏黏的蛋糕顶粘在一起。如果没有更小的蛋糕，也可以把正常蛋糕切掉一半，以适配玻璃杯。

第3步：将准备好的糖霜填满一个有长喷嘴的糖霜袋。最好使用白色或黄色的糖霜。

第4步：将糖霜喷嘴伸入杯形蛋糕的中间。挤入大量的糖霜，直到开始看到糖霜在蛋糕的几个部位冒出来。

第5步：检查一下蛋糕的边缘，看看糖霜"脉"出现在哪里。

第6步：从玻璃杯中取出纸杯蛋糕。如果它们卡住了，在玻璃上喷一点油后，再试着取出来。一旦离开玻璃杯，把蛋糕切成两半。你看到了什么？可以把它想象成侵入岩石的石英脉。

 ## 奇思妙想 ·················

1. 尝试使用不同的材料，例如在两个饼干之间挤奶酪。

2. 可以加入额外的牛奶或奶油来调理糖霜，使它变软。

科学揭秘

在这个实验中，你把糖霜"脉"推进了蛋糕层间，就像矿脉或岩脉可能在岩石层间推进的力量。糖霜利用了蛋糕层之间的薄弱连接，也可能在不同的方向创造了脉体，或者在纸杯蛋糕中间某个地方形成了糖霜的"蓄水池"。当矿脉的中间出现空心的时候，它们被称为有晶洞，有时洞内会包含有价值的宝石矿物，如祖母绿等。

美国加利福尼亚州地区主矿区的黄金矿工们最初在溪流和河流中发现了金块和小金片，他们很快将注意力转向了所有黄金的原生矿脉来源并迅速追溯到一个被他们称为"主矿脉"（Mother Lode）的大型石英脉区域。这些石英脉被挤压在沿着岩石中的弱裂缝的某些位置，通常是被挤压在花岗岩侵入体和围岩之间。

地质学家认为，当侵入体侵入地壳并冷却后，它们通常会留下富含石英和其他物质的热液。我们在之前的实验中看到，仅仅使用了简单的水和盐、水和糖等混合溶液，晶体会在饱和溶液中缓慢结晶。采矿区的矿脉成分则复杂得多，有许多不同的元素。这种残留的成矿热液可能含有铁、钙、硫和许多贵金属等。当地震破开岩石并产生新裂缝时，成矿热液经常四处流动。有时成矿热液首先形成小的覆盖物，但是也可能在连番的压力下形成矿脉。其他时候，成矿热液可能会迅速流入缝隙并一次充填满形成矿脉。在地球下面发生了很多我们看不到的事情，但是通过像这样的实验，我们可以对事情的发生进行模拟。

太空岩石，也这样

地质学的一个原则是：在一个地方适用的原理，在任何地方也都一定适用。不存在所谓的"欧洲地质学"或"北美地质学"，同样的规则被认为适用于火星和月球上，起码到目前为止，对人类的认知而言同样是这么回事。我们知道月球上有很多熔岩流，我们知道火星地表有很多富含铁的红色岩石。毕竟，规则就是规则。

我们每天都能了解更多关于彗星和流星在地球进程中的作用，而且在这个问题上不应该有太多的秘密。毕竟，它们只是岩石，虽然是让人充满幻想的岩石，但终究还是岩石。

在本单元的实验中，我们将研究一些进程，这些进程被认为在整个太阳系以及更遥远的范围中都起作用。然后我们会看看陨石撞击坑，并演示它们是如何形成的。

实验 44

绚丽的粒子流

燃烧一个普通的烟花，模拟流星划过后如何留下带有粒子尾流的效果。

实验材料

→ 烟花和火柴
→ 小型的电子秤
→ 实验日志和笔（钢笔或铅笔）
→ 白色厚纸（1.5–1.8米长）
→ 护目镜
→ 手持镜头（可选）

安全提示

— 这个实验室涉及使用火和烟花，因此需要有成年人的监管。
— 如果你有长发，实验前先把它扎起来。
— 不要穿任何易燃的衣服，如风衣。
— 戴上护目镜。
— 确保附近有浇水的花园软水管。
— 即使火被熄灭了，也不要触摸烟花的点燃端。

实验步骤

第1步： 在电子秤上称量未燃烧的烟火的重量并记录。有几个烟花的重量应该会非常接近。但如果多称几个烟花，会发现烟花的重量变化范围会比较宽。

第2步： 在人行道或自家门口的车道上铺上厚纸。不要在草坪上进行这个实验，因为可能会把草点燃。

第3步：确保安全防范措施已到位：护目镜、紧身不易燃的衣物、靠近软水管。最好将软管连接在水龙头开关上，确保需要的时候打开水龙头，就会有水流出。

第7步：等烟花的灰烬冷却后，将其收集到一个小容器中。你可能想用手持放大镜来看它，但是要先将其称重并记录重量。

第8步：做一些数学计算，用开始称的重量减去剩下的。计算最终得到的灰烬的重量占的百分比是多少。再把它转换成一个比率，如果未燃烧的整个烟花是100%，做烟花用的手持的中心线材占比是10%，那么有多大比率的材料最终会变成灰烬呢？

第4步：点燃烟火。

第5步：随着烟火的燃烧，慢慢地沿着厚纸走。注意那些在纸上堆积的黑灰。如果烟火持续燃烧很长时间，那你可能需要绕着纸多走几次，确保所有燃着的烟花都能落在厚纸上。

第6步：当烟火熄灭并冷却后，将燃剩的部分称重并记录。

 奇思妙想 ·····················

1. 如果能捕捉到烟火发出的所有烟，你认为这变成气体的部分大概占多大比例？

2. 开始在未燃烧的烟花中，但后来重量里找不到的那些剩余物的重量，最后去哪里了呢？

科学揭秘

这个实验表明，在天空中的流星痕迹给我们留下了一些线索。这个实验中，烟花燃烧后留下的灰烬重量并不多，大概不到半克。如果一开始你的烟花有30克，这个数学计算结果显示灰烬只剩下2%，甚至更少。

在科学中，质量守恒定律意味着质量不能凭空消失。由于热量没有任何重量，其余物质唯一可能去的其他地方就是变成了烟。更准确地说，额外质量变成了气体：烟雾、二氧化碳、一氧化碳和其它气态化合物。

美国宇航局（NASA）和华盛顿大学的科学家估计，每天有5-300吨的太空岩石、陨石、行星际尘埃和微陨石到达地球。这些大多数是微小陨石的形式，其中含有有机物质，如氨基酸，可能是我们星球上有生命的原因之一。

天 外 来 石

在之前的实验中，我们了解了流星雨在燃尽之前会留下少量灰烬——微陨石。现在让我们来看看是否能找到真正的微陨石。

实验材料

→ 扫帚（或小的单手扫帚）
→ 小型的电子秤
→ 实验日志和笔（钢笔或铅笔）
→ 淘金盘或厚金属板
→ 小号塑料桶
→ 淘金用的水盆
→ 微小号样品罐（可选）
→ 磁铁
→ 手持放大镜（可选）

安全提示

— 避免吸入灰尘。
— 如果要清理水沟，让成年人帮忙。
— 戴上手套捡垃圾。
— 如果使用梯子，确保有人把它固定到位。

实验步骤

第1步：确定寻找从天而降的小微陨石的场地。如果你住在公寓楼里，可以向成年人请求帮助，进入建筑物的屋顶。如果住在独栋屋子，问问父母是否可以帮助他们清理水沟。如果以上两个选项都不是，那么打扫小区内车道或人行道可以作为最后的手段。在这些地方留下一张大的纸张，并在四角压上重物，一些微陨石可能落在它上面。

第2步：收集落在纸上的微陨石样品。

第3步：随着时间的推移，需要称量更多的微陨石样品。

第4步：将收集到的材料放入淘金盘或厚金属板上，剔除树叶、棍棒和其他碎片。分类时，将不需要的材料放入塑料桶中。任何明显的人造石头如混凝土都可以捡出，但要专门检查深色的岩石，看看是否觉得它被烧过了。这可能是微陨石通过大气层时留下的摩擦受热证据。可能需要将这些样品带到博物馆或学校，但要做好会听到假陨石（mete-or-wrong）这个词的心理准备。

第5步：把装有黑色砂子的淘金盘放入水盆中，像之前的淘金实验（实验41）

那样淘选，这次不要让任何黑色砂子溢出来。

第6步：把淘选后的黑色砂子倒出来晾干，然后用一张纸折成漏斗，把这些黑色砂子倒入一个小的样品罐中。

第7步：用之前实验过的磁铁把一部分有吸磁性的砂子分离出来。然后用手持放大镜（或显微镜）仔细地检查，并在实验日志上把所看到的描绘出来。你需要找的微陨石是圆形或椭圆形的砂子，也许表面会有些小麻点，而被吸进来的其他有吸磁性的小颗粒都是长形并有棱角的。小圆颗粒砂子能很容易辨认出来，其他没有吸磁性的圆颗粒微陨石表面也许有好多凹坑或者有着黑色边缘。

 奇思妙想 ⋯⋯⋯⋯⋯⋯

通过测量你实验中所接触的材料的重量级别，你可以了解到什么？

科学揭秘

收集陨石很难。陨石有四种主要类型：石陨石、铁陨石、石铁混合陨石和玻璃陨石。你需要学习识别它们的许多特征：表面熔融特征、流线纹、吸磁性等。杰夫·诺金（Geoff Notkin）在他的书《陨石狩猎：如何从太空中寻找宝藏》（Meteorite Hunting: How to Find Treasure from Space）中简明扼要地描述了所有的要点。他用一个简单的模型来预测你找到一块太空岩石的可能性：每隔一万年，地球上每平方公里就有一块11克或更重的陨石。

不幸的是，那些含铁丰富的太空岩石可能会很快锈蚀，就像我们在实验30（第84页）上看到的那样。在沙

漠中，陨石不会生锈得太快，这会大大增加找到陨石的可能性。直到18世纪，科学家们才相信天上会有石头落下。今天，最珍贵的陨石是大型陨石，但是地球上不断有小的陨石落下，据估计每年有3万吨"星尘"落在地球上。

一些网上的消息说，在外面留下一大盆水，偶尔检查一下，也许就会遇到微陨石。有些人会使用简单的磁体系统来收集微陨石，例如，把一个磁铁放在铝槽的外面，另一个放在里面，这样，水可以从铝槽里面冲过去，留下有磁性的铁质微陨石。

实验 46

好玩的陨石

使用弹珠来做实验，看看当陨石撞击行星或月球表面时，会发生什么事情。

实验材料

→ 厚纸（或杂志、报纸）
→ 中号烤盘（或塑料桶）
→ 面粉筛（或筛子）
→ 4杯（约500克）的面粉
→ 2杯（约172克）可可粉
→ 1杯（约200克）彩色糖
→ 约3-5个不同大小的弹珠（或小的钓坠，钢珠也可以）
→ 卷尺（或直尺）
→ 照相机（可选）

安全提示

— 你可能想在户外草坪或私人车道上做这个实验，但需避免弄得一团糟。
— 不要把东西扔得太猛，以免控制不了。

实验步骤

第1步：将报纸铺在地板上或桌子上，将烤盘（或塑料桶）放在中间。

第2步：把筛过的面粉倒入烤盘中，深约2.5厘米。面粉应轻盈蓬松，不要把它压平，尽量不要有大块面粉。

第3步：使用筛子，在面粉上均匀地撒上一层可可粉。其实也可以调换一下层的顺序，把面粉放在上面那一层，但实验就得重新开始。

珠，使它们分别形成单独的弹坑。
观察并比较每个弹坑。

第4步：再在上面均匀地撒上一层彩色糖。

第5步：选择你的第一颗"陨石"（弹珠）。

第6步：用卷尺选择一个高度，从这个高度将弹珠落入烤盘里。小心地取出"陨石"弹珠，观察它造成的弹坑。

第7步：不要去整平表面，选择另一个"陨石"（弹珠），从不同于之前的高度扔下（但要离开第一个弹坑一定距离）。把这个弹坑和第一个弹坑相比较，记录下它们的区别。

第8步：继续从不同的高度扔下其他的弹

 奇思妙想 ┄┄┄┄┄

1. 如果使用高尔夫球或网球取代弹珠砸下去，会发生什么？

2. 如果以同一个角度把"陨石"（弹珠）投下，会发生什么？

3. 是不是想将更大或更快的物体投向地壳模型？抵制这种测试陨石坑效果的诱惑有多难？

科学揭秘

在这个从不同高度、大小、速度和角度的弹珠投掷实验中，你应该已经注意到，几乎每个撞击坑都会变成圆形。溅出物——弹坑口飞溅出来的物质，可能会飞向不同的方向，但就弹坑来说，结果通常是一样的。

1902年，采矿工程师D.M. 巴林杰（D.M. Barringer）了解到美国亚利桑那州图森附近有一个大型陨石坑口，其周围的铁质岩石很出名。今天，巴林杰陨石坑每年仍接待着数千名游客。他在试图证明发现了一个陨石坑的时候，设置了像我们上述这样的实验来测试陨石撞击之前与地面的角度。

我们太阳系中的每个行星和卫星都会受到偶然的

陨石撞击。大部分的撞击是非常小的，但偶尔也会有巨大的流星砸中。由于地球地质活动十分活跃，侵蚀和地震也很多，我们看不到许多撞击痕迹。但是如果你在晴朗的夜晚看一看满月，特别是用双筒望远镜或单筒望远镜，可以清楚地看到一些巨大的撞击陨石坑。

在《流星和陨石野外指南》（Field Guide to Meteors and Meteorites，施普林格出版公司，2008年版）一书中，O. 理查德·诺顿（O. Richard Norton）和劳伦斯A. 奇特伍德（Lawrence A. Chitwood）解释说，主要的小行星带位于火星和木星之间，大多数科学家认为这些小行星是地球上陨石的来源。

岩石的艺术

现在你已经学到了许多关于岩石和矿物的知识，是时候出去野外找这些石头玩玩了。

自从人类开始把周围的东西转化为资源之后，他们就会利用地球上各种自然资源的特性，例如建造住处、堆积岩石制作壁炉和墙壁，来创造舒适的居住环境。

岩石和矿物质也被用于游戏，并被转化为艺术品，包括用泥浆制成砖块，混合不同的矿物原料来制作颜料等。在本单元的实验中，你将追溯早期人类的脚步，看看他们如何学会让地质成为他们生活中更有创意的伟人部分。

让我来画画

古代人类用岩石制作自己的颜料，你也可以。他们使用赭石，这是一种土壤里的天然颜料，氧化铁含量很高（就像实验30里那样）。一些地区有很多独特的红色或黄色土壤可供收集，但如果没有，你需要想办法解决这个问题。

实验材料

→ 天然赭石（或用粉笔和1把小锉刀，在上述都没有的情况下，可以选用粉末状的颜料）
→ 不会被染色的非常小的金属罐（或小陶瓷碟）
→ 1杯（约235毫升）水
→ 白色聚乙烯醇（PVA）胶水（可选）
→ 可以画画的平板（或岩石、纸张）
→ 画笔（或扁平的小棍，如冰棍棒）

实验步骤

第1步：如果没有天然的赭石，用锉刀和粉笔做一些粉末来用。

第2步：将$\frac{1}{4}$勺（约1克）粉末加入用过的不再用来煮饭盛菜的金属锅或小碟中。大多数颜料很容易弄脏塑料、木材和某些陶器。

第3步：在颜色粉末中加入足量的水（或白胶）以调制颜料黏液。

第5步：让颜料凝固并完全干透。

第4步：将颜料涂抹在岩石（或纸、棍子）上。如果想混合更多的颜色，可以找到或购买更多种颜色的粉笔，或找到更多的赭石，然后把它们混合起来。

 奇思妙想 ·····················

1. 如果你想使用黑色，试着将一块木炭粉碎成粉末。当然，在实验中需要使用手套。注意不要使用易自燃的木炭球，它们气味难闻并且会冒烟。

2. 回想一下我们在本书开头所制作的晶体（见第24页），你能用什么材料来做淡蓝色的着色剂？

 安全提示

— 注意避免把衣服、餐具或者工作台面等染色，最好穿着旧衣服，用旧的毛巾或报纸来避免被溅出的颜料弄脏。

科学揭秘

当我们在"神秘的条痕"单元中学习识别岩石和矿物时，我们看到很多矿物的粉末都有独特的颜色。一些古老的部落在特殊仪式上用水和红赭石把他们的皮肤涂上红色。赤铁矿能磨出一种独特的红色粉末，基本上就是铁锈。一些赤铁矿矿床已经完全碎解成粉状矿层，这就是古代部落所使用的红色颜料。在某种条件下，含铁矿物会变成黄色，这是另一种颜色来源。同样，一些铜矿物的粉末可以做蓝色的颜料。

古人常用含砷、铅等有危险的矿物质做出红色和黄色之外的鲜艳色彩，通过用蜂蜡、黄油或羊油混合粉状的矿物质制成化妆品。古埃及人用烤杏仁、铜矿石、铅、灰尘和赭石的混合物，他们称之为眼影（kohl），来把眼睛勾勒出特有的杏仁形状。据说罗马人在他们的化妆品和水管中使用了大量的铅，以至于铅中毒是一个大问题。

迷人的黏泥

制作一团磁性黏泥，学习磁性
一种新玩法。

实验材料

→ 白胶（约118毫升）

→ 水（约80毫升）

→ 2勺（约15克）氧化铁（或氧化亚
铁、磁性砂）

→ 小碗

→ 塑料勺（或小铲）

→ 漏斗

→ 淀粉浆（约119毫升）

→ 强力钕磁铁

安全提示

— 不要让黏泥进到眼睛里。

— 实验后彻底洗干净手。

— 铁氧化物比磁性黑砂更容易污染皮
肤或衣物。实验时要戴手套，使用
塑料布防止污渍。

实验步骤

第1步：将白胶倒入小碗中。

第2步：使用漏斗将90毫升水添加到空的胶水瓶里。在瓶子里搅拌一下，然后倒入碗中。

第3步：加入铁氧化物或磁性黑砂，搅拌至混合。

第4步：加入淀粉浆，把所有东西混合在一起，再将混合物从碗中取出。

第5步：使用强力的铷磁铁来玩这团黏泥。可以将磁铁靠近黏泥，吸出一指长，或者在黏泥中放置一块磁棒，并观察黏泥如何覆盖磁铁。

 奇思妙想 ·······················

1. 还有其他铁质材料可以使用吗？

2. 普通的磁铁对黏泥作用如何？

科学揭秘

通过结合胶水、水和淀粉浆，你创造了一个有趣的黏性玩具，玩起来很有趣。它可以伸展到一个薄片，并且这种黏性玩具很容易制作。因为当你把粉末状铁质加到黏泥里，相关的科学原理就起作用了。当我们做实验的时候，所有的磁力学属性仍然在那里，只是以一个更有趣的形式表现出来。

如果你在黏泥附近放置一个功率强大的磁铁，会看到包裹有磁性材料的黏泥会像一个小手指一样开始向磁铁延伸。如果冻结黏泥并切下一个薄片在显微镜下研究，会看到铁的氧化物在黏泥里沿着磁力线的方向排列。

当我们的太阳系还年轻的时候，行星就形成了，磁力场已经是一个强大的力量，重力场也是。关于星尘和太空岩石如何在太空真空中结合成密集的行星，我们仍然有很多东西需要了解，但是通过哈勃太空望远镜，科学家们已经观测到了一些令人惊叹的事物。

制 作 砖 块

用泥土、稻草和木头制作属于
自己的砖块吧！

实验材料

→ 黏土丰富的土壤
→ 广口瓶（约1升）
→ 水
→ 勺子
→ 沙（可选）
→ 硅胶材质的冰格
→ 吸油管
→ 烤箱

安全提示

— 玩泥土和水时，随时可能弄得很脏
  乱，最好在户外做这个实验。
— 小心使用烤箱，拿热模具时使用烤
  箱手套。
— 使用烤箱时应向成年人求助。

实验步骤

第1步：在这个实验里，你需要黏土丰富的
土壤，这种土壤湿的时候是黏乎
乎的。把样品混合起来，然后静
置，就像我们在玩泥巴一样（第
56页）。向瓶子中加入2杯（约460
克）土壤。往瓶子里倒水至瓶口
约2.5厘米处，搅拌均匀，并将大
块弄碎，静置让它沉淀一夜。第二
天早上，应该能看到三条分开的不同材料
分带：一层薄薄的沙子在底部，淤泥在中
间，然后黏土在上面。理想情况下，得到
的是一个约30%沙子和淤泥，以及70%黏
土的混合物。但我们需要泥沙和黏土各占
50%的混合物，可以再加入些沙子或用勺子
移除部分黏土，以获得合适的比例，并让
它再次静置沉淀。

第2步：选择一个硅胶材质的冰格作为模具。确保它是干净的，无孔洞、污垢等。糕点模具也可以。

第3步：使用吸油管将水从罐子里取出。如果倒出水，会搅浑混合物，从而失去黏土。

第4步：彻底搅拌混合物。将黏土混合物倒入或用勺挖入制冰格中，去除里面所有的石块或树枝等杂物。

第5步：将装有黏土混合物的模具在摄氏65.5℃的烤箱中烤4小时。如果混合物中有许多水，中途将装有模具的烤盘从烤箱取出并用勺子将黏土块的边缘压紧，让黏土砖块回位。当砖已经烤硬，从烤箱中取出，放

凉。翻转模具并轻轻敲击砖块，取出砖块。

第6步：在纸巾上晾干砖块。1小时之后，把砖块翻转再晾干一些。整个过程需要一两天的时间。土坯黏土砖的最终含水量将在10%或15%左右。这时候，可以用这土坯砖盖一面小墙或小屋了。

 奇思妙想 ┄┄┄┄┄┄┄┄┄

1. 改变沙和黏土的比例时，会发生什么情况？

2. 如果模具太厚，会发生什么情况？

科学揭秘

　　把泥土和沙子变成建筑材料是人类文明的伟大进步之一，这至少可以追溯到9千年前。在印度，近2千年前建成的砖结构仍然站立不倒，而在罗马的马塞勒斯剧院（Theater of Marcellus），虽然修复了几次，但可以追溯到公元前13年，也是最古老的使用烧结砖的罗马建筑。在美国，新墨西哥州的陶斯·普韦布洛（Taos Pueblo）的房子，是由晒干的泥砖建成的，人们在那里已连续居住了1千多年。

　　如果你住在有很多石头的地方，用石头做房子或者堡垒是非常棒的。但是大多数植物容易生长的土地上都覆盖着沙土、淤泥和黏土。能够将土壤既用于农业又用于建筑，好处很大。

　　早期的制砖工人发现，如果他们不用足够长的时间将砖块晾干，他们的砖块会很快分崩离析。只要一个月的时间就能有结实的砖用的方法是用砖炉来烧砖，这可以把水分从砖块里驱赶出来，开启把黏土和沙子结合在一起的化学过程。问题是你需要一个窑炉，温度达到摄氏982℃，并且至少要烧制1星期。得到的结果是一块经受了我们早先了解的化学过程的砖头。

石 头 人

你可以充分发挥想象力，用几片平坦的石头搭建神秘的因努伊特石堆（inukshuk）—— 一个用石头做的花园守卫者。

实验材料

→ 岩石
→ 锤子和凿子
→ 胶水和强力胶（可选）
→ 木头底座（可选）

安全提示

— 小心手指头！搬重石头时容易压伤。
— 用锤子敲岩石时，请佩戴护目镜。

实验步骤

第1步：设计形状，根据计划收集石块。

第2步：在周边搜集岩石。可以在河床、路边沟渠、海边沙滩或者园林公司寻找。有的公园不允许擅自挪用物品，所以要了解它们的规章制度。

第3步：叠放材料来造型。这些碎片可能会很容易地贴合，也可能需要借助锤子、凿子或者钢锉刀来做出想要的形状。

 奇思妙想 ⋯⋯⋯⋯⋯

1. 尝试使用不同的材料；你更喜欢的材料是粗糙的还是光滑的？

2. 可以最少用几块岩石把石头人搭起来？那么最多呢？

3. 搭石头人最好的岩石材料是什么——玄武岩、片岩、花岗岩还是砂岩？

科学揭秘

把泥土和沙子变成建筑材料是人类文明的伟大进步之一。在因纽特语中，因努伊特石堆意为"像人的"。因纽特人居住在靠近北极的阿拉斯加、加拿大和格陵兰岛部分地区。他们建造石头人像，用来标识某处曾有人来过，某地适合捕鱼打猎或者为游人指明道路。有的时候，因努伊特石像用来说明有人具有崇高的权力或者某地需要给予尊重，所以损坏这些石像往往被视为大逆不道。

如果目的是为游人指路，这些石像的手臂会指向正确的方向。如果目的是作为艺术品，它们的形状就大小不一，小的造型简单，大的需要几个人才能抬起。有时，因纽特人会沿着驯鹿活动的小道建造一排石像。然后他们会把驯鹿驱赶到猎人们埋伏的地方。

因为是由石头建成的，因努伊特石像能够存续很长时间。你可以在花园里建造一尊大的石像，也可以做一个小的摆在书架上。可能还需要胶水来固定，以确保它不会坍塌毁坏家具，但是记住这些石块真正的力量来自于它们不借助外力而立住的能力。因努伊特石像象征着因纽特人在艰苦条件下生存的毅力。

看看你能堆多高

和实验50（第134页）不一样，在这个实验中，你将会堆出金字塔或类似的形状——有趣的地方在于，我们并不知道在它倒塌前，能堆多少。

实验材料

→ 实验日志和笔（钢笔或铅笔）
→ 岩石
→ 直尺（可选）

安全提示

— 搬大石块的时候，需要小心你的手指头。
— 不要在易碎的玻璃或陶瓷周围做这个实验。

实验步骤

第1步：做出你自己的规划设计。先在实验日志上画出想要堆叠出的形状，并以此计算出需要的岩石及数量。

第2步：收集材料。可以在大多数河床边或海滩上找到光滑的圆形鹅卵石。如果没有找到足够的天然材料，可以找一个园林用品商店去买。

第3步：开始堆叠。从把大石头摆在底部开始，小点的放在上面，慢慢往上堆叠。

 奇思妙想 ·····················

1. 怎样才能堆叠得更稳固呢?

2. 如果要进行测量的话，可以测算出在一个坚固的金字塔内，每层石块比这一层下面的石块体积小多少吗?

3. 可以通过用小石头搣入缝隙来加固你堆叠出的作品吗?

科学揭秘

岩石平衡，也被称为岩石堆积、石堆、堆石，是一种古老的玩法。在古代，人们将石头堆砌成石标，有助于标记出在暴风雪中易迷失的路线。

每年，美国得克萨斯州的利亚诺（Llano）都会举行岩石堆叠世界锦标赛（Rock Stacking World Championship），比赛还有根据高度、平衡感和艺术性等区分出的不同类别。在尼泊尔，不同类别的堆叠石头比赛规则都是看谁能把最后一块岩石堆在最上面。

一些艺术家能不凭借胶水和钢棒辅助就创造出充满平衡感的美轮美奂的造型。但这些造型都是非常脆弱的，如果有大地震，这样的平衡结构会倒塌。如果想要自制地震探测器，要点就是做一个在旁边有卡车驶过或关门时引起的震动并不会导致它掉下来的东西，但这几乎是这个东西承受震动的极限，虽然这种平衡很脆弱，但足以提醒你地壳内部的运动。

如果你设计的地震探测器上的石头已经神秘地掉下来了，那么可以访问看看有关地震方面的官方网站，查看一下附近是否有地震。可以在实验日志上记录下此次地震震级的大小，还可以经常查阅网站上的相关记录，记录一下那些没有破坏你的地震探测器的平衡的地震。

此外，在野外捡石头也并不是一个很好的主意。翻转石头的时候，也会打扰到植物和动物，也许还会惊吓到蜘蛛、蝾螈、蝎子或蛇。国家公园就严令禁止岩石堆放。但是在其他的地方，比如在河流或者大海边，你可以堆叠出想要的形状。当然，下一次潮汐或风暴来临会改变这些作品，并把这些石头留给下一个访客来玩。

我 的 藏 宝 格

尝试以不同的方式时尚地展示你的宝物。刚开始时，可以用粗糙的天然石头做很多事情，但最终你可能想学习如何粗略地抛光石头，使它们更具吸引力。

实验材料

→ 各种各样的岩石（或矿物、化石、其他地质宝藏，如木头、贝壳或沙滩玻璃）

→ 漂亮的玻璃（或花瓶、罐子、其他容器）

→ 丝带（或植物材料、其他有趣的装饰材料，可选）

→ 剪刀、木制的勺子、抹刀（可选）

安全提示

— 混合岩石和玻璃时要非常小心。

实验步骤

第1步：收集你最好的珍宝，对你拥有的东西做个计划。

第2步：在实验日志上列一个清单。

第3步：从旧货店找一个可用于展示的漂亮的容器。一开始，你可能只想用在房子周围能够找到的材料进行实验。先和父母一起找找！

第4步：来玩耍你的艺术品吧，可以找许多相同颜色的岩石等进行。例如，可以分层放置红色、白色和黑色的岩石。也可以用丝带等物品装饰你的宝贝盒子。

💡 奇思妙想

1. 尝试用彩色沙子，有白色、金色、棕色、黑色，甚至绿色沙子。可以把沙子分色分层铺开展示，以吸引人。

2. 如果你有一件引以自豪的标本，那么就制作一个标签来描述它是什么，在哪里发现它的以及其他一些信息。

3. 有手掌那样大小的标本不需要漂亮的玻璃陈列。可以把它们装在一个上色的油漆木头底座上，可以在爱好者商店买到，或者自己制作它们也很容易。这会吸引游客拿起你的标本询问。

科学揭秘

至少从欧洲的文艺复兴时期开始，富有的商人和社会活动家们盛大地展示岩石、矿物晶体、宝石、首饰、化石和其他科学新奇事物，并将其作为一种时尚。自然珍宝是可以被称为科学奇迹的东西，越有趣越好。希腊人和罗马人描述了在地中海附近发现的巨人骨头，认为它们属于食人魔、狮鹫和其他传说中的生物。19世纪早期化石收集在欧洲流行起来，没有化石骨头或头盖骨，自然珍宝收藏就不算完整。

"藏宝格"一词是用来描述展示宝物的玻璃柜。你可以尽可能以最好的方式展示自己的宝物，打造能让你自豪的收藏。你甚至可能想要展示一些你自己创作的东西，这些东西要归功于本书中的实验指导。

相关资源

地球科学类每周课堂活动

www.earthsciweek.org/classroom-activities

访问这个链接，学习更多可以在家里进行的地球科学类实验。

在线鉴定岩石矿物

访问网站www.classzone.com，选择"science"（科学）主题，然后点击其中的"Earth Science"（地球科学）页面。

这个网站能帮你通过相关的颜色、密度、条痕以及其他参数来鉴别矿物和岩石。

更多科普实验

kids.usa.gov/teens/science/geology/index.shtml

访问这个儿童科普网站，你将学到更多关于解释地质现象和地球科学原理的实验。

加拿大晶体培育竞赛（The National Crystal Growing Competition）

http://www.cheminst.ca/outreach/crystal-growing-competition

访问这个网站，可以了解加拿大高中学生的晶体培育竞赛。

关于作者

加勒特·罗曼（Garret Romaine）衷情于矿物岩石和化石搜寻，做过35年的黄金勘探者。他也是一位资深记者、专栏作家，在美国波特兰州立大学教授科技写作课程。他还是技术交流协会（Society for Technical Communication）的成员，这个组织专注于解释和阐述复杂的科学技术。他拥有美国俄勒冈大学的地质学学位以及华盛顿大学的地理学学位。他撰写了许多关于地质学和野外活动的书籍，包括《现代岩石采集与探矿手册》(The Modern Rockhounding and Prospecting Handbook)、《爱达荷岩石采集指南》（Rockhounding Idaho）、《俄勒冈的宝石踪迹》(Gem Trails of Oregon)、《华盛顿的宝石踪迹》(Gem Trails of Washington) 以及《西北太平洋地区淘金》(Gold Panning the Pacifc Northwest)。他还是莱斯西北矿物岩石博物馆（Rice Northwest Museum of Rocks and Minerals）的董事会成员，同时在北美研究小组（North American Research Group）的董事会任职，这是一个由业余古生物学家组成的团体。

致 谢

我需要感谢摄影师帕特里克·F·史密斯（Patrick F. Smith），他极富耐心地把他的摄影工作室变成了一个科学实验室。整整费时两个月，我们终于完成了这些实验并把它们完整地记录下来，整理成资料奉献给大家。

译 后 记

　　我于2006年毕业于中国地质大学（北京），获得理学硕士学位，专业为矿物学、岩石学、矿床学（宝石学方向）。这些年主要做一些与矿物宝石晶体和地学科普相关的工作，参与编写过矿物相关的专业书籍。

　　作为一个地学科普工作者，除了编写这些方面书籍和文章，我还经常带香港矿物学会等一些爱好者团体去江西、广东、广西、湖南、内蒙等地一些产出漂亮矿物晶体的矿山和表现广东丹霞地貌、广西岩溶地貌、内蒙古大兴安岭火山地貌、第四纪冰川蚀刻地貌等不同特色的地理地貌的地质公园或旅游区考察。在带团考察的过程中，经常有非专业的参团考察人员会向我问许多问题，类似于矿物晶体如何形成？黄铁矿和金子该怎么区分？火山口湖泊是怎样形成的？我们路过的山体剖面为什么会有一层层的明显界线？……

　　对于非专业的普通地球科学爱好者，尤其是广大青少年读者来说，他们对大自然充满热爱，对这个熟悉而陌生的地球充满疑问，希望有人能给他们解答，有人能够引导他们去了解，去探索他们身边的环境和所接触到的世界。

　　我们这一代人，上大学之前，书店和学校图书馆看到的主要是教学辅导书，老师和家长把一切不以增加分数为目的的书籍都视为洪水猛兽……现在，作为一个父亲，我不希望我的孩子将来重复这样的成长路径，我希望他将来能接触许许多多喜欢的东西，培养方方面面的兴趣，成为一个知识面广、动手能力强的人。

　　这本书是我一直以来所想找的一本书，国内针对非专业人士，尤其是针对青少年简单易懂的地学科普读物并不多，大多是比较晦涩难懂的专业书籍，当我看到这本书后，非常高兴。因为我可以通过书中的那些实验，让我的孩子对我们所生活的地球有个启蒙了解，同时也能让他了解我的工作、我的专业。

　　这本书在引导读者通过动手做实验，了解平时所接触到的一些自然事物，探索周围的地球环境，激发学习大自然和地球科学的兴趣方面做得很好。

对于做实验需要注意的问题，当然首要是安全问题。这上面许多实验涉及到用烤炉、用开水、用刀切……等等一些有一定危险性的操作。孩子们在做这些有一定危险性的实验之前，一定得有成年人在旁边辅助。

其次，有朋友问我是不是必须循序渐进？我觉得，不一定非得那么按部就班，其实这本书里的地质实验，可以说是涉及了地球科学的许多方面，包括矿物学、岩石学类，也包括古生物学、地层学、动力地质学……读者可以按照自己的兴趣，挑选某一部分，甚至某一节来阅读并动手做实验，虽然不同章节之间有逻辑联系，但并没有固定的前后基础和延续关系。

总体来说，这本书里的实验非常棒，值得向希望满足孩子求知欲的家长推荐，成年人可以辅助或旁观孩子完成部分或者全部实验。

刘知纲

FOR KIDS

LaB

给孩子的实验室系列

给孩子的厨房实验室

给孩子的户外实验室

给孩子的动画实验室

给孩子的烘焙实验室

给孩子的数学实验室

给孩子的天文学实验室

给孩子的地质学实验室

给孩子的能量实验室

给孩子的 STEAM 实验室

给孩子的脑科学实验室

扫码关注
获得更多图书资讯